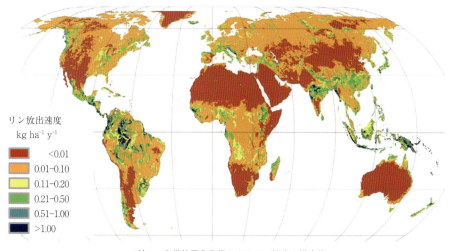

口絵1 化学的風化作用によるリン放出の推定値
Hartmann *et al.*(2014)を一部改変. →p. 77

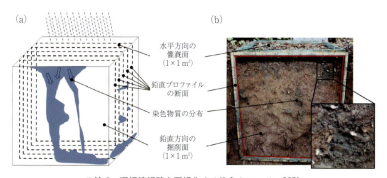

口絵2 選択流経路を可視化する染色トレーサー試験
(a) 土壌表面へ染色物質を施用（$1 \times 1\,m^2$）し，一晩放置後，鉛直断面（$1 \times 1\,m^2$）を得た．
(b) 鉛直断面の様子．黒枠の拡大図は，根や礫の表面に沿った流路が染色された様子を表している．Julich *et al.*(2017a)より引用，一部改変． →p. 88

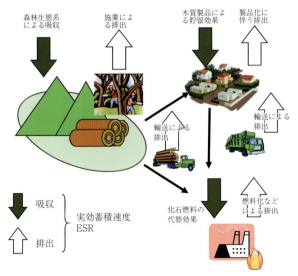

口絵3 生態系と社会双方を考慮した実効炭素蓄積速度（effective carbon sequestration rate, ESR）
炭素の吸収要素としては森林生態系だけでなく都市建築物などに貯留される木質製品による炭素貯留効果，エネルギー利用による化石燃料代替効果などがある．　→p.180

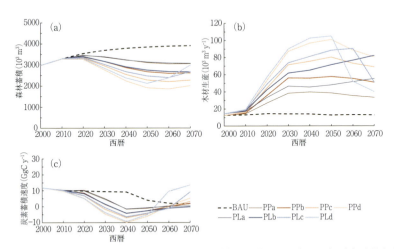

口絵4 奥会津5町村民有林におけるシナリオごと (a) 森林蓄積材積（10^3 m^3），(b) 木材生産（10^3 m^3 y^{-1}），(c) 炭素蓄積速度（GgC y^{-1}）の経年変化（西暦，10年平均値）
各シナリオの内容は表5.2を参照のこと　→p.185

森林科学シリーズ 8

森林と物質循環

柴田英昭 編

Series in Forest Science

共立出版

執筆者一覧

柴田英昭　北海道大学北方生物圏フィールド科学センター（第1章）
大手信人　京都大学大学院情報学研究科（第1章）
木庭啓介　京都大学生態学研究センター（第2章）
早川　敦　秋田県立大学生物資源科学部（第3章）
浦川梨恵子　（一財）日本環境衛生センターアジア大気汚染研究センター（第4章）
大場　真　（国研）国立環境研究所福島支部（第5章）

『森林科学シリーズ』編集委員会
菊沢喜八郎・中静　透・柴田英昭・生方史数・三枝信子・滝　久智

『森林科学シリーズ』刊行にあたって

　樹木は高さ100 m，重さ100 tに達する地球上で最大の生物である．自ら移動することはできず，ふつうは他の樹木と寄り合って森林を作っている．森林は長寿命であるためその変化は目に見えにくいが，破壊と修復の過程を経ながら，自律的に遷移する．破壊の要因としては，微生物，昆虫などによる攻撃，山火事，土砂崩れ，台風，津波などが挙げられるが，それにも増して人類の直接的・間接的影響は大きい．人類は森林から木を伐り出し，跡地を農耕地に変えるとともに，環境調節，災害防止などさまざまな恩恵を得てきた．同時に，自ら植林するなど，森林を修復し，変容させ，温暖化など環境条件そのものの変化をもたらしてきた．森林は人類による社会的構築物なのである．

　森林とそれをめぐる情勢の変化は，ここ数十年に特に著しい．前世紀，森林は破壊され，木材は建築，燃料，製紙などに盛んに利用された．日本国内においては拡大造林の名のもとに，奥地の森林までが開発され，針葉樹造林地に変化した．しかし世紀末には，地球環境への関心が高まり，とりわけ温暖化と生物多様性の喪失が懸念されるようになった．それを受けて環境保全の国際的枠組みが作られ，日本国内の森林政策も木材生産中心から生態系サービス重視へと変化した．いまや，森林には木材資源以外にも大きな価値が認められつつある．しかしそれらはまた，複雑な国際情勢のもとで簡単に覆される可能性がある．現に，アメリカ前大統領のバラク・オバマ氏は退任にあたり「サイエンス」誌に論文を書き，地球環境問題への取り組みは引き返すことはできないと遺言したが，それは大統領交代とともに，自国第一の名のもとにいとも簡単に破棄されてしまった．

　動かぬように見える森林も，その内外に激しい変化への動因を抱えていることが理解される．私たちは，森林に新たな価値を見い出し，それを持続的に利用してゆく道を探らなくてはならない．

『森林科学シリーズ』刊行にあたって

　本シリーズは，森林の変容とそれをもたらしたさまざまな動因，さらにはそれらが人間社会に与えた影響とをダイナミックにとらえ，若手研究者による最新の研究成果を紹介することによって，森林に関する理解を深めることを目的とする．内容は高校生，学部学生にもわかりやすく書くことを心掛けたが，同時に各巻は現在の森林科学各分野の到達点を示し，専門教育への導入ともなっている．

『森林科学シリーズ』編集委員会
菊沢喜八郎・中静　透・柴田英昭・生方史数・三枝信子・滝　久智

まえがき

　生態系の物質循環を取り扱う学問分野は「生物地球化学（biogeochemistry）」と呼ばれ，生物と環境（非生物）をめぐる物質の動きや変化，相互作用を明らかにすることで，生態系の仕組みや環境保全機能を理解することに寄与している．本書は森林の物質循環，すなわち生物地球化学プロセスについて取り扱う．その中心的な役割を担うのは，樹木，土壌，微生物，その他の動植物であり，その場の気象や地形，地質条件などによって特有の生物地球化学プロセスを形成している．

　本書では森林生態系の生物地球化学プロセスのうち，特に生元素として重要である窒素とリンに注目し，第2～4章で詳しく述べる．第1章での物質循環に関する概論的な説明に引き続き，第2章で安定同位体を用いた窒素循環の研究手法について最新事例を含めて解説する．それらの方法を用いることで，大気汚染に由来する大気からの窒素沈着に対する森林生態系の応答や物質循環の変化を，より詳しく研究することが可能となるであろう．第3章では窒素と並んで生態系の重要な必須養分であるリンについて，その供給源や生態系内での動態，流域でのリン収支について事例研究を取り上げながら紹介する．第4章は，森林土壌内における窒素動態について全国各地で詳細に調べた研究をもとにして，列島スケールでの空間パターンの成因やそのメカニズムについて議論する．第5章では生態系プロセスモデルと呼ばれるシミュレーションモデル（BGC-ES）を用いた物質循環の研究について，実際の応用事例も含めて詳しく解説する．森林のバイオマスエネルギー利用に伴う物質循環への影響について，経済的な評価も含めた実践事例を紹介する．

　本書は森林の物質循環をこれから勉強する初学者，すでに研究を始めている生物地球化学や生態系生態学の研究者，関連分野の技術者等を含む幅広い読者を想定した内容となっている．本書を通読することにより，さまざまな環境変

まえがき

動下において森林生態系の物質循環がどのような仕組みで成り立っているのかを多角的に理解することができるであろう．それにより，今後の持続的な森林管理や環境機能保全に向けた取り組みがいっそう進むことを願う．

　本書を出版するにあたりご尽力頂いた，共立出版株式会社の信沢孝一氏ならびに山内千尋氏に心より御礼申し上げる．

柴田英昭

目　次

第1章　序　論

はじめに …………………………………………………………………… 1
1.1　森林生態系における物質循環の概念フレームワーク ……………… 1
1.2　森林の物質循環を駆動する主な要因 ………………………………… 4
1.3　本書のねらいと構成…………………………………………………… 10

第2章　大気窒素沈着による森林生態系の窒素飽和現象
　　　　―安定同位体を用いた研究アプローチ―

はじめに …………………………………………………………………… 14
2.1　窒素安定同位体の利用………………………………………………… 18
　　2.1.1　重窒素（^{15}N）トレーサーの利用による大規模プロット・森林集水域レベルの窒素循環解析 …………………………… 18
　　2.1.2　^{15}N 自然存在比による森林の窒素循環解析 ……………… 24
2.2　酸素同位体の利用……………………………………………………… 31
　　2.2.1　重酸素（^{18}O）自然存在比による森林の硝酸イオンの動態解析 …………………………………………………………… 31
　　2.2.2　^{17}O 酸素同位体比の利用 ……………………………………… 36
おわりに …………………………………………………………………… 51

目　次

第3章　流域から河川へのリン流出機構

はじめに ………………………………………………………………… 61
3.1　森林流域におけるリンの循環と河川流出の概要……………… 62
　　3.1.1　源流から下流までのリンの循環と流れ ………………… 62
　　3.1.2　河川源流域におけるリン循環にかかわるさまざまな要素
　　　　　とプロセス ………………………………………………… 64
　　3.1.3　リンの給源・存在形態 …………………………………… 66
3.2　森林流域におけるリンの循環と流出機構……………………… 71
　　3.2.1　物質収支法による森林源流域のリン循環の評価 ……… 71
　　3.2.2　地質・土壌の影響 ………………………………………… 76
　　3.2.3　植物のリン獲得戦略と植生や森林管理がリン濃度に及ぼ
　　　　　す影響 ……………………………………………………… 83
　　3.2.4　土壌内，傾斜地，河畔域におけるリンの流出 ………… 85
　　3.2.5　河川内におけるリンの保持と循環 ……………………… 91
おわりに ………………………………………………………………… 97

第4章　土壌窒素動態の空間変動

はじめに ………………………………………………………………… 103
4.1　森林土壌における窒素無機化過程 …………………………… 107
　　4.1.1　アンモニア化成作用 ……………………………………… 108
　　4.1.2　硝化作用 …………………………………………………… 110
　　4.1.3　土壌の窒素無機化量の測定 ……………………………… 112
　　4.1.4　日本の森林土壌の窒素無機化・硝化速度の他地域との比較
　　　　　 ……………………………………………………………… 126
4.2　窒素無機化・硝化を取り巻く環境要因 ……………………… 129
　　4.2.1　空間スケールによる環境要因の変化と直接・間接的な作用
　　　　　 ……………………………………………………………… 129

4.2.2　日本の森林土壌における窒素形態変化と環境要因の関係
　　　　　……………………………………………………………… 131
　　　4.2.3　環境要因間の関係と変動範囲 …………………………… 134
　　　4.2.4　パス解析による窒素形態変化を取り巻く要因 ………… 138
　　　4.2.5　要因解析の課題 …………………………………………… 140
おわりに ……………………………………………………………………… 141

第5章　物質循環モデルと森林施業影響

はじめに ……………………………………………………………………… 146
5.1　本章の背景となる考え方 …………………………………………… 147
　　　5.1.1　モデルとは ………………………………………………… 147
　　　5.1.2　境界分野におけるモデル ………………………………… 148
　　　5.1.3　モデル，シミュレーションの正確さ …………………… 148
5.2　森林を対象としたさまざまなモデル ……………………………… 150
　　　5.2.1　面的モデル ………………………………………………… 150
　　　5.2.2　生態学モデル ……………………………………………… 151
　　　5.2.3　人間社会とのつながりを意識したモデル ……………… 152
5.3　森林施業の影響：生態系サービスの観点から …………………… 152
　　　5.3.1　森林に対する認識の転換 ………………………………… 152
　　　5.3.2　森林からの生態系サービスと社会変遷 ………………… 153
　　　5.3.3　生態系-社会システム ……………………………………… 155
5.4　森林物質循環モデル BGC-ES ……………………………………… 155
　　　5.4.1　概　略 ……………………………………………………… 155
　　　5.4.2　プロセス …………………………………………………… 156
　　　5.4.3　シミュレーションを行うための準備 …………………… 166
　　　5.4.4　ケーススタディ …………………………………………… 168
　　　5.4.5　まとめ ……………………………………………………… 175
5.5　上流から下流までを空間・定量評価：BalM モデル …………… 175

目　次

　　　5.5.1　背　景 …………………………………………………… 175
　　　5.5.2　プロセス ………………………………………………… 177
　　　5.5.3　ケーススタディ ………………………………………… 184
　おわりに ………………………………………………………………… 189

索　引　　　　　　　　　　　　　　　　　　　　　　　　　　　195

Box 1.1	森林流域生態系におけるセシウム動態………………………	8
Box 1.2	森林生態系の物質循環に関するデータベース ……………	11
Box 2.1	微量無機態窒素の同位体比測定：特に土壌抽出における注意点 …	21
Box 2.2	非撹乱，非侵襲的なアプローチの重要性 …………………	26
Box 2.3	定常状態同位体マスバランス計算 …………………………	47
Box 3.1	自然水中のDIP濃度の測定・表記法………………………	70

第1章 序論

柴田英昭・大手信人

はじめに

　森林の物質循環は，森林がダイナミックに変動しながらも長きにわたって成長を維持し，持続的な有機物生産を続けるために必要不可欠なプロセスである（Chapin *et al.*, 2002 など）．自己施肥系とも呼ばれる森林内のリサイクルシステムにより，限られた養分を繰り返し利用することで，森林は他の自然生態系と比較して大きなバイオマスをもち，それを維持し，成長することができる（岩坪，1996 など）．またその物質循環系は，システム内部での閉鎖的なシステムではなく，内部循環と関連しながら系外である大気と物質のやりとりを行い，水系には物質を供給するなど半開放系のシステムとなっているのが特徴である（Likens *et al.* 1977 など）．これらの半開放系の物質循環は，外部環境の変化に密接なかかわりがあり，森林生態系の環境保全機能や生態系サービスを評価する上で，森林の物質循環の理解は欠かせない．

1.1　森林生態系における物質循環の概念フレームワーク

　生態系の物質循環における物質の流れやサイクルの全体像を理解するために，コンパートメントモデルを用いることが多い（図1.1）．ボックス（コンパートメント）で示されているのは植生，土壌，微生物など物質循環の構成要素であり，物質のプール（現存量あるいは存在量）を表している．ボックス間をつ

第1章 序 論

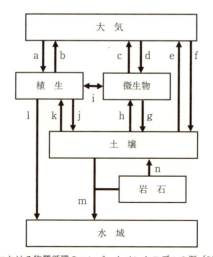

図1.1 森林生態系における物質循環のコンパートメントモデルの例(以下では,主要なものを挙げている).
a:光合成,乾性沈着,葉面吸収,b:呼吸,蒸散,c:呼吸,脱窒(N_2O, N_2 など),メタン放出,d:窒素固定,メタン酸化,e:土壌面蒸発,アンモニア揮散,f:降水,大気沈着,g:有機物分解,窒素無機化・硝化,h:養分吸収,窒素不動化,i:共生関係(光合成産物・栄養塩),j:落葉・落枝,枯死細根,k:養分吸収,水分吸収,l:河川表面への落葉・落枝,m:溶脱,水流出,土壌侵食,n:鉱物の風化,土壌生成.

なぐ矢印として示されているのは,そのボックス間での物質の流れ(フローあるいはフラックス)である.森林の物質循環を考える際には,物質の流れをフラックス(単位土地面積,単位時間当たりの物質の移動速度)で表すことが多く,kg ha^{-1} year^{-1} などと示す(この場合は年間フラックスで,1年当たり1 ha当たりのキログラム重量を意味する).目的に応じてg m^{-2} year^{-1} やkmol$_c$ ha^{-1} year^{-1} などの単位を使用することもある.

図1.1では森林内の主な構成要素として,植生,土壌,微生物,岩石が示されている(図1.1).岩石は土壌の材料(母材)であり,さまざまな鉱物が含まれている.研究の目的によって,植生を葉,枝,幹,根などの各部位に分けることもあれば,土壌を固相,液相,気相に分けることもある.また,土壌は表層にある落葉(リター)層と下層の鉱質土壌に分けることもあれば,鉱質土壌をさらに細かく層位別,深さ別に区分することもある.微生物については,その機能群(たとえば窒素無機化,硝化,脱窒など)によってコンパートメン

トを分ける場合や，生成物質の種類（たとえば有機態窒素，アンモニウム態窒素，硝酸態窒素など）によって区分することもある．また，土壌動物，菌類，バクテリア，鳥類，哺乳類などさまざまなコンパートメントを設定することもある．次章以降では内容に応じてさまざまなコンパートメントモデルが示されているので，それぞれ参照されたい．

　図1.1には大気から生態系へ物質の出入りがあることが示されている．植物の光合成や呼吸による二酸化炭素の流れが代表的なものである．また，大気から森林生態系への物質の供給として，雨や雪，エアロゾル，ガスに含まれる物質が挙げられる．雨や雪などの沈着物は湿性沈着（wet deposition），エアロゾルやガスなどの沈着物は乾性沈着（dry deposition）である（霧やミストなどはオカルト沈着と呼ばれることもある）．これらは全体として大気沈着（atmospheric deposition）と呼ばれ，森林への物質の供給源として重要である．窒素に関しては，窒素固定菌による大気からの N_2 の取り込みも重要である．

　また，森林から大気への物質の出力は主にガス放出によるものであり，植生による呼吸のほか，土壌微生物による物質代謝（微生物呼吸，脱窒など）により，二酸化炭素（CO_2），亜酸化窒素（N_2O），メタン（CH_4），窒素ガス（N_2）などが発生する．

　森林生態系の内部では，植生による物質吸収，土壌生物による分解，無機化，再吸収，土壌内での物質の形態変化，吸着，固定，溶脱などを介して，内部循環系が成立している（溶脱は内部から系外への出力にもなる）．植生は土壌に張りめぐらせた根を介して，土壌から水と物質を吸収している．その一部は樹体内に蓄積されるが，多くの成分は落葉・落枝（リターフォール）として土壌に再び還元される．リター（生物遺体）は土壌に生息する土壌動物や微生物の働きにより分解，無機化され，養分として利用可能な形態へと変化する．その過程でリターに含まれる有機物の一部は，土壌腐植として安定した形で土壌内に蓄積される．土壌内においては土壌微生物による物質代謝や，土壌の酸化還元状態に応じた物質の形態変化が生じる．窒素循環の詳細に関しては第2章と第4章を，リン循環の詳細に関しては第3章を参照されたい．また，土壌内では物質の吸着やイオン交換，化学的風化による物質付加などの影響を受け，一部の物質は水に溶存し，地下水や河川水へと溶脱する．

第 1 章 序 論

　大気からのインプット（流入）や水系へのアウトプット（流出）に対する内部循環系の相対的な大きさは物質の種類によって異なる．たとえば，リンやカルシウムなどは鉱物風化を主な起源としているので，大気からの物質インプットよりも内部循環系のほうが卓越する傾向にある．一方，窒素や硫黄のような成分は大気とのやりとりが大きい．第 2 章で詳しく述べるように，大気汚染が進んでいる地域においては，大気沈着による窒素供給量が生態系の内部循環量に匹敵する場合もあり，その影響で土壌から水系への窒素流出が増加する事例が報告されている（Ohte *et al.*, 2001 など）．

1.2　森林の物質循環を駆動する主な要因

　森林生態系の物質循環に影響する要因を外的要因と内的要因に分けて表 1.1 に示す．気候や気象条件は，外的要因として代表的なものである．日射量や風速，湿度などは樹木の光合成や蒸散速度に直接的に関係する気象要因である．降雨，降雪は水収支のみならず，大気沈着の質と量にも影響している．また，地質の種類によって土壌の生成機構，速度やその特性が異なり，含有鉱物からの化学的風化によって供給される物質の種類や速度も異なる．たとえば，日本は火山噴出物を母材としている地域が多いため，それらの火山岩から多くのミネラル成分（カルシウム，マグネシウムなど）が化学的風化によって土壌溶液や地下水に供給されることが知られている（Shibata *et al.*, 2001 など）．

　標高，斜面向き，傾斜などの地形要素は，局所的な気象要素の違いをもたらす．たとえば，同一地域において南向き斜面のほうが，北向き斜面より日射量

表 1.1　森林生態系の物質循環を変動させる主な要因

外的要因	内的要因
・気候・気象 　　日射量，降水量，湿度，風速など ・地質 　　岩石の種類，風化速度，鉱物種など ・地形 　　標高，傾斜，斜面向きなど ・人為攪乱 　　大気汚染，森林伐採，植林など	・植生 　　樹種，針葉樹・広葉樹，常緑・落葉など ・土壌動物 　　種類，有機物分解，腐植形成など ・土壌微生物 　　無機化，有機化，呼吸，窒素循環など ・土壌特性 　　物理性，イオン交換，生物の生息場など

が多かったり，積雪量が少なかったりするなどの傾向がある．それらの気象要素の変化は，光合成や熱水収支の変化を通じて森林生態系の物質循環に影響を及ぼしている．

　また，森林生態系内の水文プロセス（降雨遮断，蒸発散，地表流，土壌水の浸透，地下水涵養，河川水の流出など）は，流域の地形構造に影響されている．そのため，流域地形による水の流れの変化によって，生態系内の物質循環も強く影響を受けている．たとえば，北海道北部の同一の気候条件下において，斜面が急な流域ほど土壌表層からの硝酸態窒素の溶脱が相対的に多くなる一方，斜面が緩やかな場所では，植物の養分吸収や土壌微生物の脱窒反応によって，河川への硝酸態窒素の溶脱が相対的に小さいことなどが報告されている（Ogawa et al., 2006など）．Ohte & Tokuchi (1999) は，河川水に含まれる重炭酸イオン（HCO_3^-）濃度や河川水pHを形成する上で，流域の地質や地形構造に基づく水文プロセスが強く影響していることを107流域の水質データを用いたメタ解析の結果から示唆している．したがって，森林生態系の物質循環の結果として形成される河川水質の変動パターンや成分組成，フラックスを理解する際には，流域における水文プロセスの影響を十分に考慮に入れる必要がある．

　生態系内部の要因としては，植生，土壌動物，土壌微生物の種類や機能が挙げられる．植生の種類によって，養分吸収量，林冠での物質交換，リター成分などが異なることが知られており，その結果として生態系内での物質循環が変化している．たとえば，日本の代表的な植栽樹種であるスギとヒノキではカルシウム循環量が異なり，スギのカルシウム吸収量はヒノキと比べて大きい傾向があることが報告されている（生原・相場，1982など）．また，常緑針葉樹と落葉広葉樹林では林冠の形状や着葉期間が異なるため，ガスやエアロゾルなどの乾性沈着成分は，常緑針葉樹林の林冠でより多く捕捉されやすい傾向があることが知られている（Shibata & Sakuma, 1996など）．リターの化学性は植生によって異なるため，それによるリター分解速度の違いによって，生態系内部の養分循環速度が異なることも広く知られている．一般に樹木リターでは，難分解性分としてのリグニン濃度，養分成分としての窒素やリン，その他の物質濃度に応じて，リター分解速度に差異があることが認められている（バーグ，2012など）．北海道北部や本州山岳部に広く分布するササ類はリター中のケイ

酸濃度が高いため，樹木リターと比べて分解初期の速度が遅いことが報告されている（Watanabe *et al.*, 2013 など）．また，土壌動物や土壌微生物の種類，活性は，リター分解，各種成分の無機化・有機化速度に密接にかかわっている．

　人間活動の影響による外部環境の変化は，森林の物質循環にさまざまな影響を及ぼすことが知られている．化石燃料の使用過多による大気中の CO_2 濃度の上昇やそれに伴う気温の上昇は，森林生態系を構成する植物や土壌微生物の活性に，直接的・間接的に影響を及ぼしている． CO_2 濃度自体は光合成の基質であるため，大気中の CO_2 濃度上昇によって光合成速度が高まる傾向（ CO_2 施肥効果）が知られているものの，高 CO_2 濃度下で生産された葉の炭素／窒素比が高くなれば，葉の分解速度が低くなり，土壌の養分利用可能性が低くなることで，樹木の光合成が低下することも予想されている（負のフィードバック）．また，地温上昇による土壌微生物活性の高まりは，土壌からの炭素放出を高めることにつながるが，中長期的な温度変化によって土壌に生育する土壌微生物相や活性が変化し，その結果として温度上昇に対する微生物応答が変わることも指摘されている．このような温暖化に伴う炭素循環，収支の応答は，窒素を含む他の成分元素の循環にも影響が及ぶことが懸念されている．

　化石燃料の燃焼は CO_2 だけでなく，硫黄酸化物（ SO_x ）や窒素酸化物（ NO_x ）などの大気汚染物質を排出することにつながり，それらの物質は森林へ供給される降水やガス・粒子成分を酸性化する．上述のように，森林への大気沈着成分の供給は，物質循環の入力として重要である一方，酸性成分が過剰に流入すると，葉や土壌から養分成分が系外へ溶脱したり，土壌の酸性化によって生物に毒性のあるアルミニウムが溶出したりするなど，森林生態系に悪影響が及ぶことが報告されている．一方で，森林生態系はそれらの酸成分を中和する機能を有していることも知られており，大気からの酸流入と生態系内の中和能力を比較評価することが重要である（Shibata *et al.*, 2001 など）．大気汚染物質の中には，窒素酸化物のように養分として生態系の純一次生産量を高める働きもあるが，生態系の要求量を上回る供給がある場合には，生態系内での養分バランスが崩れたり，土壌微生物代謝（硝化）によって土壌が酸性化したりすることで，土壌の富栄養化・酸性化が生じ，さらには土壌から河川へ溶脱する窒素成分が水圏生態系の養分環境を乱すことが懸念されている（Shibata *et al.*, 2015 など．詳しくは第2章を参照のこと）．

　降水，蒸発，流出などの水文プロセスと，生物による養分吸収，微生物活性などは季節的に変動しているので，流域生態系の窒素循環に対する大気窒素汚染の影響評価の指標として河川水中の硝酸態窒素の濃度を用いる場合には，対象とする流域生態系における生物（養分循環）・非生物（水文過程）の季節性に基づいた理解が重要である．たとえば，生育期に降水量が少なく，生物による窒素吸収が旺盛な地域（米国北東部など）では通常，生育期に樹木や微生物の養分吸収の影響を受け，河川水の硝酸態窒素濃度は低下する傾向が知られている．そのような地域では，生育期に河川水中の硝酸態窒素濃度が上昇する場合，大気からの窒素沈着増加が生態系の窒素要求量を上回ると（窒素飽和現象に達し），その一部が河川水に溶脱していることが示唆されるであろう（Stoddard, 1994）．一方，日本を含む多くのアジアモンスーン地域では，高温で生物活性が高まる生育時に降水量および河川への水流出量も高まる傾向がある．その場合には，大気汚染の影響が小さい場合であっても，生育期の活発な土壌微生物活性により土壌内で生成された硝酸態窒素が河川に流出するため，大気窒素沈着の影響とは直接関係がない条件でも河川水中の硝酸態窒素濃度が上昇する場合がある（Ohte *et al.*, 2001；大手ほか，2002 など）．

　また，化石燃料の燃焼，金属の精錬あるいは原発事故（Box 1.1）などの影響で大気中に放出された重金属を含むさまざまな汚染物質（鉛，水銀，セシウムほか）が森林に沈着することは，生態系内の植生－土壌－微生物間での物質循環をさまざまな経路を通じて乱すことにつながる．それらの汚染物質は中国大陸から輸送されてくる越境長距離汚染を含むことも知られており，$PM_{2.5}$ などの微小粒子成分の動態とともに国内での社会的な関心が高まっている．

　地球温暖化に伴う気温上昇，降水量変化，極端な気象現象（豪雨，台風など）の頻発などは，上記で述べている外的・内的要因にさまざまな形で影響を及ぼしており，その結果としてさまざまなスケールで生態系の物質循環が変化している（Park *et al.*, 2010 ほか）．土壌に電熱線などを埋設して実験的に温暖化環境を設定した実験では，地温や土壌水分の変化によって，土壌中の窒素無機化速度，土壌呼吸速度，有機物分解速度がさまざまに応答することが示されてきた（Rustad *et al.*, 2001；Crowther *et al.*, 2016）．また，冬季における降雪

第1章　序　論

量の減少は，積雪の断熱効果の低下を引き起こし，外気温の急激変化による土壌の凍結・融解サイクルが増えることによって，土壌内での微生物バイオマスや生態系の窒素循環に影響を及ぼすことが次第に明らかとなってきた（Mitchell et al., 1996; Groffman et al., 2011; Shibata, 2016 など）．

> **Box 1.1　森林流域生態系におけるセシウム動態**
>
> 　2011年3月に発生した福島第一原子力発電所の事故によって，多量の放射性物質（^{131}I, ^{137}Cs など）が，主として福島県，宮城県の周辺地域に飛散した．森林率が70%を超える市町村が多いこの地域では，沈着した放射性物質，特に半減期が約30年と長い ^{137}Cs の汚染についての懸念は，林業・林産業への被害，森林の水源としての機能への影響を含めて極めて深刻である．沈着量の空間分布が明らかになりつつあった2011年の夏季ごろから，福島県内を中心に，複数の政府研究機関，大学の研究者によって，この地方に多い落葉広葉樹林とスギ・ヒノキの人工林を対象とした ^{137}Cs の沈着状況と動態のモニタリングが開始された．いくつかの調査地では，2017年現在まで調査が継続され，沈着した ^{137}Cs の初期の急激な空間分布の変動，植物-土壌間での内部循環，森林から水系を介して流出するメカニズムなどに関する基礎的な情報が蓄積されてきた．
>
> 　放射性物質の沈着があった3月には，落葉広葉樹には生葉がついていなかった．結果，落葉広葉樹林では，多くの放射性物質は枝・幹の表面と林床の落葉の表面に沈着したと考えられる．他方，スギ人工林などの常緑針葉樹林では，樹冠に多くの放射性物質が沈着し，被陰された樹冠下の枝・幹・林床の表面への付着は，落葉樹林のそれよりも少なかった．生葉，枝を含め樹体に付着した ^{137}Cs は，以後，降水によって洗脱され，林床に移動した．また落葉・落枝によっても付着した ^{137}Cs は林床に移動し，リター層における ^{137}Cs の集積が進んだ（Endo et al., 2015）．
>
> 　沈着から3年までに ^{137}Cs が付着したスギなどの常緑針葉樹の葉の多くは更新され，樹冠の ^{137}Cs 濃度は急激に減少したが，他方，落葉広葉樹の多くで，落葉の ^{137}Cs 濃度は沈着当初から，^{137}Cs が付着している常緑樹葉に比較して低いものの通常よりも顕著に高い濃度を示し，現在も続いている．このことは，沈着後，初期の頃から，落葉広葉樹が新葉を形成する時に，そこに ^{137}Cs を移行させていたことを物語っている．その ^{137}Cs のソースとしては，当初枝や幹に付着したものと，^{137}Cs が集積した林床のリター層から根系が吸収したものの両方の可能性が考えられる．根系によるリター層，土壌層からの ^{137}Cs の吸収，樹体内での移動，落葉・落枝としての林床への移動からなる，いわゆる内部循環は，可能性としては最初期から始まっていたと考えられ，2017年現在も進行している．

1.2 森林の物質循環を駆動する主な要因

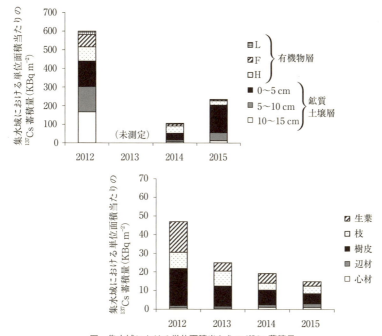

図 集水域における単位面積当たりの ^{137}Cs 蓄積量
有機物・鉱質土壌層には植物体地上部の10倍程度の ^{137}Cs が蓄積している（宮田，2017 より作図）．

　リター層に移行した ^{137}Cs は，徐々に鉱質の土壌層に移動するが，ほとんどの ^{137}Cs がごく浅い土壌層にとどまる．これは，^{137}Cs が，粘土粒子に強く吸着される性質をもっていることで説明されている（Kruyts & Delvaux, 2002）．
　福島県北部の伊達市霊山町上小国地区の森林集水域（文部科学省の航空機観測データに基づく事故直後の推定 ^{137}Cs 沈着量は，100～300 kBq/m²）における調査では，集水域レベルの蓄積量は，初期2年間に半減した．これは ^{137}Cs の物理的な半減期に比べて著しく短い．このことは，植物相の地上部や林床の表面に付着した ^{137}Cs の降雨による洗脱と渓流への流出が，沈着後，初期に急激に生じていたことを示している．しかしながら，3年目以降の渓流を通じた年間の流出量は，初期総沈着量に対して3オーダー低く，集水域内での ^{137}Cs の減少速度はそれ以前に比べて急激に低下している．
　同じ集水域では，集水域を形成する森林・渓流生態系における生物の食物網を介した ^{137}Cs の移行・拡散についての調査も行われた．初期3年以内では，陸域，水域の両方で，落葉を基盤とする腐食連鎖による移行が卓越した．栄養段階の上位

の生物の ^{137}Cs 濃度は下位よりも低くなる傾向が見られ，生物濃縮が生じていないことが示されている（Murakami et al, 2014）．

事故後 3 年間は，沈着した ^{137}Cs の林床への移動・集積は急激に生じ，同時に植物-土壌間の内部循環が進行していったということができる．上記の森林において 90% 以上の ^{137}Cs は，林床のリター層と深さ 10 cm までの鉱質土層の浅い部分に蓄積している．また，10% 程度が，内部循環によって動的に保持されている（宮田，2017）．こうした情報が，今後の福島の森林とそれを取り巻く地域社会の再生・復興のために十分に役立てられるように，研究者側の努力が引き続き必要とされている．

（大手信人）

1.3　本書のねらいと構成

　本書では森林生態系の物質循環を精力的に研究している執筆陣により以下の内容について取り扱い，生態系の物質循環を理解する上での基礎的な知識のみならず，一部については最先端の研究事例について論じる．

　第 2 章では，多くの森林生態系において養分として必要であり，過剰な場合には汚染物質となる窒素の問題を取り上げる．大気から供給される窒素量が森林生態系の窒素要求を上回った状態である「窒素飽和現象」を理解・評価するためのツールとして，各種の安定同位体を活用した最新の研究手法について述べる．その原理や有利な点，限界点などを学ぶことで，今後の新たな研究計画に活かすことができるであろう．

　第 3 章では窒素と並んで生態系の必須養分元素であるリンに着目し，森林流域におけるリンの供給源や循環・収支の仕組みや研究事例を紹介するともに，土壌や河川内でのリン動態メカニズムや植生のかかわりについて述べる．また，菌根菌の役割や河畔域でのリン動態についても最新の知見を紹介する．

　続いて第 4 章では，土壌内での窒素動態に関して土壌微生物による窒素無機化・硝化について，日本列島スケールでの調査データに基づき，そのメカニズムや変動要因について詳しく解説する．フィールドや室内における培養実験の方法やその解析方法についても述べられている．

　森林生態系の物質循環を解明するためには，現地における観測や室内での試

料分析に基づいた現状把握型のアプローチと並んで，シミュレーションモデルを用いた手法が有効である．第5章では生態系プロセスモデルによる物質循環のシミュレーションについて，既往研究のレビュー，主要なモデルの構造や原理を論じ，森林施業の物質循環影響をそのモデルを用いて評価した事例研究を具体的に紹介・解説する．

　本書では物質循環に関係するすべての元素を対象としてはいないが，これらの章を通読することは，森林生態系の物質循環を理解する上での基礎と，今後の新規課題や研究の方向性を考える上での助けとなる．なお，森林集水域の物質循環の具体的な調査法については柴田（2005）を参考にされたい．また，物質循環に関してより詳しい内容を学びたい場合には Chapin *et al.* (2011), Schlesinger & Bernhardt (2013), Likens (2013) などを参照されたい．土壌に関する詳しいことは同シリーズ第7巻『森林と土壌』（柴田英昭編，共立出版，2018）を通読されたい．

Box 1.2　森林生態系の物質循環に関するデータベース

　ここでは森林生態系における物質循環に関して，比較研究，メタ解析・モデル研究などに利用できるいくつかのデータベースや関連情報を紹介する（URL は 2017年7月に確認）．日本のデータを中心にしているが，一部は海外のデータも含まれている．

- 森林土壌の窒素無機化・硝化データ, Urakawa *et al.* (2015)（第4章を参照）
  http://db.cger.nies.go.jp/JaLTER/ER_DataPapers/archives/2014/ERDP-2014-02
- リターフォール・毎木調査ほか, 環境省モニタリングサイト1000事業
  http://www.biodic.go.jp/moni1000/findings/data/index.html
- 森林の降水・渓流水質データ, 森林総合研究所
  http://www.ffpri.affrc.go.jp/labs/fasc/Guide.html
- 全国酸性雨データ, 国立環境研究所地球環境研究センター
  http://db.cger.nies.go.jp/dataset/acidrain/ja/index.html
- 東アジア地域の酸性雨データ, 東アジア酸性雨モニタリングネットワーク
  http://www.eanet.asia/product/index.html
- 生態系における二酸化炭素フラックスデータ, JapanFlux, AsiaFlux
  https://db.cger.nies.go.jp/asiafluxdb/

- 森林土壌の炭素蓄積量調査，林野庁森林吸収源インベントリ情報整備事業
  http://www.ffpri.affrc.go.jp/labs/fsinvent/index.html
- 生態系に関する長期データ，日本長期生態学研究ネットワーク（JaLTER）
  http://db.cger.nies.go.jp/JaLTER/
- 植物形質データ，TRY データベース
  https://www.try-db.org/TryWeb/Home.php
- 土壌図・土壌分類データ，日本土壌インベントリー
  http://soil-inventory.dc.affrc.go.jp/figure.php

引用文献

バーグ B 著，大園享司 訳（2012）森林生態系の落葉分解と腐植形成．丸善出版．
Chapin III, F. S., Matson, P. A., Mooney, H. A.（2002）*Principles of Terrestrial Ecosystem Ecology*. Springer-Verlag, New York.
Chapin III, F. S., Matson, P. A, Vitousek, P.（2011）*Principles of Terrestrial Ecosystem Ecology, 2nd edition*. Springer.
Crowther, T. W., Todd-Brown, K. E. O. *et al.*（2016）Quantifying global soil carbon losses in response to warming. *Nature*, **540**, 104–108.
Endo, I., Ohte, N. *et al.*（2015）Estimation of radioactive 137-cesium transportation by litterfall, stemflow and throughfall in the forests of Fukushima. *J Environ Radioact*, **149**, 176–185
Groffman, P. M., Hardy, J. P. *et al.*（2011）Snow depth, soil freezing and nitrogen cycling in a northern hardwood forest landscape. *Biogeochemistry*, **102**, 223–238.
生原喜久雄・相場芳憲（1982）スギ・ヒノキ壮齢林小流域における養分の循環とその収支．日本林学会誌，**64**, 8–14.
岩坪五郎（1996）森林生態学．文永堂出版．
Kruyts, N., Delvaux, B.（2002）Soil organic horizons as a major source for radiocesium biorecycling in forest ecosystems. *J Environ Radioact*, **58**, 175–190
Likens, G. E., Bormann, F. H. *et al.*（1977）*Biogeochemistry of a Forested Ecosystem*. Springer-Verlag, New York.
Likens, G. E.（2013）*Biogeochemistry of a Forested Ecosystem, 3rd edition*. Springer.
Mitchell, M., Driscoll, C. *et al.*（1996）Climatic control of nitrate loss from forested watersheds in the northeast United States. *Environ Sci Technol*, **30**, 2609–2612.
宮田能寛（2017）森林生態系における原発事故由来の ^{137}Cs 総量推定．千葉大学大学院理学研究科修士学位論文, pp. 43
Murakami, M., Ohte, N. *et al.*（2014）Biological proliferation of cesium-137 through the detrital food chain in a forest ecosystem in Japan. *Sci Rep*, **4**, 3599
Ogawa, A., Shibata, H. *et al.*（2006）Relationship of topography to surface water chemistry with particular focus on nitrogen and organic carbon solutes within a forested watershed in Hokkaido, Japan. *Hydrol Process*, **20**, 251–265.

引用文献

Ohte, N., Tokuchi, N. (1999) Geographical variation of the acid buffering of vegetated catchments: Factors determining the bicarbonate leaching. *Global Biogeochem Cycles*, **13**, 969–996.

Ohte, N., Mitchell, M. J. *et al.* (2001) Comparative evaluation on nitrogen saturation of forest catchments in Japan and north America. *Water Air Soil Pollut*, **130**, 649–654.

大手信人・柴田英昭 他（2002）森林流域からのNO_3^-流出：流出の季節性から読み取れる情報．水利科学，**268**, 40–53.

Park, J. H., Duan, L. *et al.* (2010) Potential effects of climate change and variability on watershed biogeochemical processes and water quality in northeast Asia. *Environ Int*, **36**, 212–225.

Rustad, L. E., Campbell, J. L. *et al.* (2001) A meta-analysis of the response of soil respiration, net nitrogen mineralization, and aboveground plant growth to experimental ecosystem warming. *Oecologia*, **126**, 543–562.

Shibata, H., Sakuma, T. (1996) Canopy modification of precipitation chemistry in deciduous and coniferous forests affected by acidic deposition. *Soil Science and Plant Nutrition*, **42**, 1–10.

Shibata, H., Satoh, F. *et al.* (2001) Importance of Internal Proton Production for the Proton Budget in Japanese Forested Ecosystems. *Water Air Soil Pollut*, **130**, 685–690.

Shibata, H., Branquinho, C. *et al.* (2015) Consequence of altered nitrogen cycles in the coupled human and ecological system under changing climate: The need for long-term and site-based research. *Ambio*, **44**, 178–193.

Shibata, H. (2016) Impact of winter climate change on nitrogen biogeochemistry in forest ecosystems: A synthesis from Japanese case studies. *Ecol Indic*, **65**, 4–9.

柴田英昭（2015）森林集水域の物質循環調査法．共立出版．

Schlesinger, W. H., Bernhardt, E. (2013) *Biogeochemistry 3rd edition, An Analysis of Global Change*, Academic Press.

Stoddard, J. L. (1994) Long term changes in watershed retention of nitrogen, its causes and aquatic consequences. In: *Environmental Chemistry of Lakes and Reservoirs* (ed. Baker, L.A.). American Chemical Society, 223–284.

Urakawa, R., Ohte, N. *et al.* (2015) Biogeochemical nitrogen properties of forest soils in the Japanese archipelago. *Ecological Research*, **30**, 1–2 (Data paper).

Watanabe, T., Fukuzawa, K., Shibata, H. (2013) Temporal changes in litterfall, litter decomposition and their chemical composition in Sasa dwarf bamboo in a natural forest ecosystem of northern Japan. *J For Res*, **18**, 129–138.

第2章 大気窒素沈着による森林生態系の窒素飽和現象
安定同位体を用いた研究アプローチ

木庭啓介

はじめに

速い回転速度をもつ森林窒素循環と，我々の観測できる事象とのギャップ

　多くの陸上生態系においては，低い窒素の供給速度が植物の一次生産を制限していると考えられている（Vitousek & Howarth, 1991）。そのため古くより多くの窒素循環研究が，植物への土壌の窒素供給という農学的な観点から行われてきた。さらには，硝酸イオンによる地下水汚染や一酸化二窒素のもつ温室効果，オゾン層破壊能力といった環境問題への関連という重要性も窒素循環研究にはある。そして現在，人間活動による反応性の高い窒素の大量供給が続いており，この状況は地球環境の持続的な利用を可能にするレベルを超えていると考えられている（Rockström et al., 2009）。これらのことから，窒素循環の解明は現在大きな役割を担っている。

　先に述べたように，「足りない」窒素が大量に人間活動によってもたらされるようになってきた。その結果，生態系の窒素循環は大きく変化してきていると考えられている。その1つに「窒素飽和」現象が挙げられる。これは，生態系の生物相（森林であれば植物と土壌微生物とする）の窒素要求量（速度）を超えた量（速度）で窒素が供給されており，窒素が使い切れず系外へと失われている状態である（Ågren & Bosatta, 1988; Aber et al., 1989）。この窒素飽和状態に森林が陥ると，窒素循環はさまざまな他の元素循環とも関連していることから，多くの連鎖反応が生じると考えられる。たとえば森林土壌からのカ

チオン流出，植物の栄養バランスの悪化などが生じ，その結果，森林の衰退，下流生態系の富栄養化，地下水硝酸汚染などが引き起こされるのではないかと危惧されている．

この窒素飽和状態において生態系がどのように応答しているかを，観測，理解，そして予測していく必要がある．そのための研究において注意したいのは，大量の窒素肥料を一時期に施肥した状態での生態系の応答ではなく，少しずつではあるが増加している窒素供給が長年続いた上での生態系の応答であるということである．もちろん，パルス的な窒素施肥実施によってどのように窒素循環プロセスが変化するかを追跡することは，窒素循環の把握に多くの貢献をもたらす．一方で，施肥実験と比較して低い強度での，長期間にわたる連続的な窒素供給が生態系にもたらす影響というものを実験的に追跡するのはかなりの困難を伴う．そのため，室内実験・野外実験での操作実験（たとえば施肥実験）などによる，無機化，硝化，脱窒，窒素吸収といった窒素循環プロセスそれぞれについての詳細な検討，特に異なるプロセスの相互作用についての検討を行う研究，並行して窒素飽和状態にあると考えられる森林における窒素循環過程の現場観測を主とした研究，さらにはそれらをつなぐモデル研究，という多彩な研究を組み込んだ包括的な取り組みが必要となろう．

森林への窒素供給が増大し，その年月が経過するにつれ，生態系の窒素循環には大きな変化が生じるはずであり，その変化様式についての仮説が Aber *et al.* (1989)，さらには Aber *et al.* (1998) にて提示されている（図 2.1）．この仮説の背景にある基本的な窒素循環に関する考え方は現在でも変わっていないと思われる．これらの論文では，窒素供給が始まった後，

- Stage 1　供給された窒素を植物が利用し成長する（施肥効果）と同時に，土壌の窒素無機化が増大する段階
- Stage 2　植物の成長は継続するも，土壌中での硝化が刺激され増大し，渓流水への硝酸イオン流出が始まる段階
- Stage 3　植物の成長は衰退する一方，土壌中の無機化されたアンモニウムイオンの多くの割合が硝化されるようになるため，硝化と硝酸イオン流出が継続，さらには硝化または脱窒による一酸化二窒素ガ

第2章 大気窒素沈着による森林生態系の窒素飽和現象

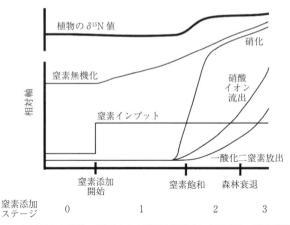

図2.1 Aber *et al.*（1989, 1998）で提案された窒素沈着増大に伴う森林の窒素循環変化（木庭・楊，2011を改変）
窒素インプットが増大するに伴い，土壌窒素無機化，硝化が刺激され，生成された硝酸イオンが渓流水とともに流出し，さらに硝化（または脱窒）によって一酸化二窒素の放出も増大するというシナリオが考えられている．この窒素循環変化に伴い，一般に植物のδ^{15}N値は上昇すると考えられているが，その変動様式についてはまだわかっていない部分が多い（本文参照）．

ス放出が増大する段階

という生態系の連続的な応答が生じるという仮説が提唱されている．しかし，この仮説で提唱されているさまざまな窒素循環過程の変化を実際の現場において観測したいと考えても，森林は広大かつ不均一であり，決して容易ではない．そこで，これまで多くの研究において，森林から流出する渓流水に含まれる硝酸イオン濃度の高低を，さまざまな窒素循環過程の結果である窒素飽和現象の指標の1つとして用いてきた（柴田ほか，2010）．この森林渓流水に着目した，いわば「出口調査」は，森林物質循環研究が森林集水域という単位で生態系を扱うという点から見て妥当であると考える．Aber *et al.*（1989）の仮説に沿って考えれば，渓流水への硝酸イオン流出は窒素飽和の始まりやその進行状況を表すはずのものであること，さらには広大かつ時間空間的に不均一な特性をもつ森林集水域の平均的な特徴を示すことができる渓流水水質の1つであるということからも，良いパラメータとして考えることができよう．Stoddard (1994) によってこのStage 1～3，さらに窒素供給の増大前のStage 0という

カテゴリーについて，渓流水硝酸イオン濃度の高低とその変化の季節性の有無などによる特徴づけがなされている．そしてこのカテゴリー分けはその簡便さも相まって，現在でもよく用いられている．もちろん，Aber *et al.* (1989, 1998) で示されているように，植物の応答をとってみても純一次生産速度，細根量，硝酸イオン吸収速度などさまざまな要素が窒素供給によって大きく変化すると予想されており，渓流水硝酸イオンだけ見ればよいわけではない．実際には窒素飽和研究が進むにつれて，窒素飽和＝渓流水硝酸イオン濃度の増大，と一義的に決まるわけでは決してなく，むしろ，さまざまな表現型（現象）として窒素飽和の影響が現れる，ということが明らかになってきている（Goodale & Lovett, 2010）．

　これらの研究の進展は，同時に我々の観測の限界をあらわにした．つまり，どのように現場での窒素循環プロセスを追跡したらよいのか，という根本的な問いを投げかけることとなったのである．森林生態系では大気中の窒素を除けば，その大部分の窒素は土壌，そして植物体内に存在しており，その量（または濃度，別の呼び方としてプール，ストック）の変化はあまり大きくない．たとえば土壌の全窒素濃度を経時的に測定しても，なかなかその変化は追跡できない．むしろ，土壌のもつ空間的異質性の高さにより，毎年毎年土壌の全窒素濃度（量）を測定した場合には観測誤差が大きく，窒素濃度（量）の変化というものは検出することができないかもしれない．一方で，たとえば土壌中のアンモニウムイオンや硝酸イオンといった無機態窒素の濃度は，植物や微生物が利用可能な形態であることもあり，非常に大きな時空間変動をもつことが知られている．この濃度変動を追跡したい場合，テンションライシメーター（Tokuchi *et al.*, 1993）やテンションフリーライシメーター（Ohte *et al.*, 1997）といった採水装置を使い，土壌水を経時的に採水し，濃度変化を観測することが可能であろう（柴田, 2015）．これにより，ある土壌環境における窒素循環の様子を，土壌溶液中の無機態窒素濃度変動という形で追跡することができる．しかし，本当に知りたいのは濃度変化を左右する窒素循環過程である．残念ながら土壌溶液中の無機態窒素濃度変動だけからは，無機態窒素の生成・消費プロセス，そして定量的にフラックスについて議論すること，たとえば，無機化速度や硝化速度を議論することは難しい．濃度情報の分子としての無機態窒素

の量が生物による生成と消費で変動するだけでなく,濃度情報の分母を与える土壌水の量そのものについても,雨による増加や蒸発散による減少,そして土壌中での移動と混合など,さまざまな要素が複雑に絡み合った結果を反映しているからである．その結果,ある窒素化合物の濃度が低い場合に,それが消費されたのか,それとも希釈されたのかを濃度情報だけから判定することは難しい．よって,室内または野外での培養実験により窒素の動きを見ようということになるわけだが,野外での土壌培養では一般に植物と土壌は切り離しているため,植物の働きが切り離されてしまうし,土壌を実験室に持ち帰り室内実験を行う場合は,現場環境とは異なる環境での微生物の働きについてのデータが得られていることに留意しながらデータ解析をせざるをえない（培養実験の詳細は第4章を参照されたい）．したがって,さまざまな生物による生成と消費が同時に起こり,その結果として生成と消費の差し引きである純速度がしばしば低いような循環の特徴をもつ窒素が現場でどのように循環しているか,ということを観測することはかなりの困難を伴う．

2.1 窒素安定同位体の利用

2.1.1 重窒素（^{15}N）トレーサーの利用による大規模プロット・森林集水域レベルの窒素循環解析

上記のような窒素循環の特徴を踏まえ,安定同位体,特に窒素安定同位体の1つである ^{15}N の利用が盛んに行われてきた．窒素のうち約 0.36% のみが ^{15}N であり,窒素のほとんどを占める ^{14}N と ^{15}N の化学的な違いはほとんどない（実際には多少の違いがあり,この点については後述する）．そのため,^{15}N を循環系に添加し,窒素循環のどのプール（土壌,植物,土壌微生物など）にどの速度で入ってくるかを追跡することにより,複雑な窒素循環の定量的な把握が可能となる．ここでは実験室での ^{15}N トレーサーの利用についてではなく,より大きなスケール,たとえば野外でのプロットスケールないし集水域スケールで ^{15}N トレーサーを用いた研究を簡単ではあるが紹介したい．

古くはヨーロッパでの NITREX (Nitrogen Saturation Experiments) という

2.1 窒素安定同位体の利用

窒素飽和に関する研究プロジェクト（Wright & van Breemen, 1995）の中で ^{15}N トレーサーが大規模に使われ（たとえば Tietema et al., 1998），そこで得られた結果と北米での結果（たとえば Nadelhoffer et al., 1999a）が併せて解析されている（Nadelhoffer et al., 1999b）．この論文では，樹木成長が窒素供給の低さによって制限されていると考えられている温帯林（Vitousek & Howarth, 1991）にて，降水として供給される窒素は植物に効率的に利用されず，降水による窒素供給による二酸化炭素固定速度の増加はあまり見込まれないという重要な結果が明らかとなった（Nadelhoffer et al., 1999b）．このような詳細な検討を行うことができるのは，自然界の ^{15}N 濃度（自然存在比）が低く，かつ一定であることによる．約 0.36％ と安定して低い ^{15}N のバックグラウンド濃度により，^{15}N でラベルされた降水を模擬した窒素がどれだけ植物体内に（葉，枝，幹，根，細根），どれだけ土壌中に（有機物層，鉱質土壌），そしてどれだけ流出するかという定量的情報を得ることができる．これが ^{15}N トレーサー法の圧倒的な利点である．元素分析計と同位体比質量分析計が連結された測定装置（EA-IRMS）による測定が普及し，有機物中の ^{15}N 濃度が手軽に測定できるようになったこともあり，90 年代から ^{15}N トレーサーを用いた研究が数多く行われるようになった．たとえばアンモニウムイオンの土壌微生物による保持様式（若松ほか，2004），アンモニウムイオンと硝酸イオンでどのように森林での窒素保持が異なるか（Buchman et al., 1996），植物と微生物の窒素保持における貢献の違い（Zogg et al., 2000）など，さまざまな窒素循環に関する詳細情報を ^{15}N トレーサー法は提供してきた．

プロットレベルないし集水域スケールでの ^{15}N トレーサー法の利用については，上記のように非常にわかりやすく定量的な議論を行える点が長所として挙げられる．一方その欠点としては，まず試料の取り扱い，前処理，そして機器分析の利用において，^{15}N 自然存在比法（後述）との共存が困難であることが挙げられる．^{15}N トレーサー法では 0.36〜99 atom ^{15}N％ の試料を扱うのに対し，自然存在比法で扱う試料は通常 0.36〜0.37 atom ^{15}N％ という非常に狭い範囲を精密測定するために，両手法を併用する場合には試料ならびに測定環境について汚染の可能性がつきまとう．ごくごく微量の ^{15}N トレーサー法試料からのコンタミネーションで自然存在比データは大きな変化を受けてしまうこと

になるので注意が必要である．同位体測定用の土壌抽出時における注意点については Box 2.1 を参照されたい．

　より重要である 2 点目の欠点は，実際のデータ解析の複雑さである．実験室内での ^{15}N トレーサー利用，たとえば同位体希釈法による総無機化速度測定（Davidson *et al.*, 1991）を考えてみよう．この場合，^{15}N でラベルされたアンモニウムイオンを土壌に添加し，24 時間でどのように ^{15}N トレーサーが硝酸イオンや微生物バイオマスに変換されたか，それと同時にトレーサー以外の窒素（^{14}N）がどれだけ無機化されたかを解析することで総速度を推定する．この際，^{15}N でラベルされたアンモニウムイオンは一度土壌微生物に吸収（不動化）された後は再無機化されない，という前提で計算を行っている．これは実は難しい前提であり，しばしばアンモニウムイオンの土壌中での滞留時間は数時間しかないことがある（Davidson *et al.*, 1992）．そしてこの前提は，プロットレベルないし集水域スケールかつ数日〜数年の時間スケールにて ^{15}N トレーサーを追跡する研究（たとえば Zogg *et al.*, 2000）では到底成立しえない．たとえば ^{15}N でラベルした硝酸イオンを森林に散布した後，植物の葉や土壌について ^{15}N 濃度の時系列変化を追跡すること自体は可能である．しかし，散布後 10 日の段階では土壌微生物バイオマスに ^{15}N が濃縮していたが，次の観測時である 30 日後では微生物バイオマスの ^{15}N 濃度は減少し，一方で土壌アンモニウムイオンの ^{15}N 濃度が上昇していたという時に，どのようなプロセスがどれだけの強度で起きていたかを推定することは極めて困難である．言い換えれば，あのプールに ^{15}N が入った，このプールの ^{15}N 濃度は減少した，といった純速度を用いた定性的な議論しか行えず，本当に知りたいフラックス，言い換えれば総速度についての議論は困難である．そこで，フラックス算出のためにかなり複雑なモデル計算を行うということがしばしば必要となる．たとえば Currie *et al.* (1999) では TRACE というプロセスモデルを用いて窒素の挙動を追跡しているが，このモデルは森林物質循環モデルである PnET-CN（Aber *et al.*, 1997；柴田ほか，2006）のアルゴリズムに ^{15}N トレーサー濃度の計算を付け加えたものであり，その構造はかなり複雑である．

　最後に，最も重要だと筆者が考える 3 点目の欠点として，窒素循環系への窒素添加が不可欠であるという点を挙げる．窒素供給が小さく窒素が足りない

であろう Stage 0 の状態についての窒素解析をしたい場合には，足りない窒素を供給して観測される事象が，果たして知りたい事象であるかという問題が生じてしまう．常に養分を添加する実験では，いわゆる"priming effect"（Jenkison et al., 1985; Kuzyakov et al., 2000）というものに注意しなければならない．異なる窒素供給速度をもつ実験区を複数設け（いわゆる concentration test; Groffman et al., 2006），得られた結果が窒素供給速度にとって線形変化を生じていれば，添加した窒素の量・速度の影響について定量的に議論できるかもしれない．しかし，図 2.1 で示されているダイナミックな窒素循環プロセスの変化からも容易に推測できるように，窒素循環プロセスの規模は基質濃度や供給速度に対して線形に反応しないことがある．たとえば窒素添加量と土壌に保持された窒素の関係を調べてみると，窒素添加量の増大に対して土壌の窒素保持能力は非線形に変化していることが確かめられている（Perakis et al., 2005）．おそらく森林が窒素飽和状態にあり，大量の窒素が供給されているような状況では，窒素添加による窒素循環の撹乱影響は少ないと期待される．しかし，降水による窒素供給を模擬した窒素供給を我々が実際に行おうとすると，これは労力的にかなりの困難を伴う．イオンバランスや pH，^{15}N トレーサーでラベルされた窒素化合物の濃度が降水に近い溶液を準備したとしても，どのように散布するか，たとえば土壌表面にスプレー散布するか，下層植生の上からサンプルするか，はたまたヘリコプターで大規模に散布するかで，その労力，コスト，そして解析できる内容は大きく異なるであろうと容易に予想される．このような窒素の添加手法の違いが結果にどのような違いを生み出しているかについては Templer et al. (2012) のメタ解析を参照されたい．

Box 2.1　微量無機態窒素の同位体比測定：特に土壌抽出における注意点

本章で取り上げた硝酸イオンの δ^{15}N，δ^{18}O そして Δ^{17}O の測定技術については，2000 年以降大きな進歩が見られている（詳細は由水・大手，2008；木庭，2017 を参照）．これまでの測定と比べて数百分の一の試料量（窒素量）で同位体比が測定可能となったということは，逆に，これまで測定において無視してきたいろいろな要素が問題となってくる．ここではその一例として，土壌中の抽出可能な無機態窒素について同位体比を測定する際にどのような注意が必要であるか，一般

的にもよく行われる土壌抽出の部分について簡単にまとめてみる．土壌抽出液で得られる交換態窒素の同位体比測定に関する詳細については Koba et al. (2010a) や Bell & Sickman (2014) を参照されたい．

柴田 (2015) にあるように，一般に土壌中の無機態窒素の濃度を測定する際には土壌抽出を行う．この際，土壌のイオン交換サイトに吸着されているアンモニウムイオンや硝酸イオンを洗い出すために，多くの場合 2 M の KCl 溶液や 0.5 M の K_2SO_4 溶液を土壌に加えて土壌抽出を行う．もともとは 1 M の KCl を利用していたが，2 M KCl であれば半分の量の水溶液で同じだけのアンモニウムイオンを回収でき (Bremner & Keeney, 1966)，当時のケルダール水蒸気蒸留法においては溶液量が少ないほうが容易に操作できることが，2 M KCl を利用するきっかけになったのではないかと思われる．また，微生物バイオマスや総溶存態窒素 (TDN) を測定する時には一般に，1 M KCl にイオン強度の近い 0.5 M K_2SO_4 溶液を用いる．0.5 M が妥当かどうか，なぜ 0.5 M を用いるのかその理由づけについては，手法開発当時の窒素濃度測定法による制約などいくつかの歴史的背景が考えられるが (Haney et al., 2001)，少なくとも TDN の濃度をペルオキソ硫酸塩による湿式酸化法で測定する場合には塩素が湿式酸化を妨害するため (McKenna & Doering, 1995)，2 M KCl の利用は避けたほうがよいと考えられる．

まず，残念ながら通常市販されている KCl や K_2SO_4 塩には大量の窒素化合物が含まれている（コンタミネーションしている）ようであり，この窒素コンタミネーションが濃度測定，さらにはその後の同位体比測定に大きな影響を与えてしまう．そのため，最低でも 2 時間以上，450℃ 程度の高温環境に置くことで，窒素コンタミネーションを少なくする必要がある．また，薬品のロットによってこの窒素コンタミネーションの度合いは多少なりとも違うことが予想される．下記に示すように，精度良く窒素コンタミネーションの濃度と同位体比を測定するには大量の抽出液が必要となるため，たとえば 500 g の KCl 塩を 500 mL ガラスビーカに入れアルミホイルで蓋をしたものを 3 つ用意し，マッフル炉で一晩焼き，それらほぼすべてを使って 10 L の 2 M KCl 溶液を作る，というように作業を行うのがよい．

常法では乾燥土壌 1 g に対して溶液 10 mL の割合で混合し，土壌抽出を行うことになっているため，おおよそ水が 50% 生土に含まれていると仮定して，筆者らの場合，2 mm または 4 mm の篩(ふるい)をかけた約 7 g の生土を 50 mL の遠心管に入れ，そこに 35 mL の 2 M KCl または 0.5 M K_2SO_4 溶液を加えることにしている（図a）．遠心管に入れた土壌の重量は 0.01 g 単位で記録しておき，別に含水比を測定しておくことで，実際に土壌抽出に供した土壌の乾燥重量を計算し，最終的な無機態窒素濃度計算に用いる．

購入する遠心管の中には微量の窒素コンタミネーションを含むものがあるため，コンタミネーションの少ないものを探すか，前もって酸洗浄と超純水洗浄を行うな

2.1 窒素安定同位体の利用

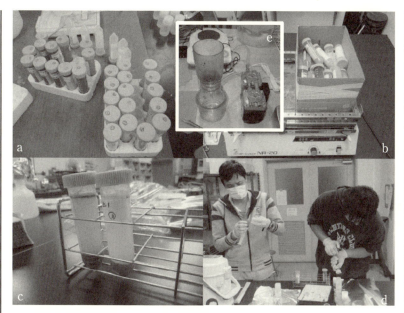

図　土壌抽出の実際
(a) 遠心管に土壌と溶液を入れる．透明な溶液が入っている遠心管はサンプルブランクである．(b) 遠心管ごと振盪する．段ボール箱などに遠心管を入れた状態で箱ごと振盪するとよい．振盪により，ラベルが擦れて消えることがあるので，遠心管の蓋，側面の両方にラベルをしておくとよい．(c) 遠心を軽くかけて，土壌粒子を概ね沈殿させておくと濾過が容易になる．Aの時点でほぼ遠心管の重さはバランスがとれているので，浸透した遠心管をそのまま遠心機にかけることができる．(d) あらかじめ多数用意しておいた50 mLのディスポシリンジと25 mmガラスフィルターをセットしたフィルターフォルダーに遠心管内の上澄み液を入れ，濾過を行い，ポリ瓶に濾液を受ける．(e) 有機物が大量に含まれる土壌（たとえばツンドラ土壌）では，濾過が著しく難しい場合があり，そのような場合は47 mmのガラスフィルターを用いた吸引濾過を行うこともある（写真提供：Eのみ岡山大学兵藤先生，ほかは京都大学矢野翠さん）．

どの処置が必要となる．遠心管の蓋をして常法に基づき振盪機で1時間の振盪を行う（図b）．

　1時間の振盪後，土壌抽出液を濾過する．紙製の濾紙と漏斗を用いた濾過が一般的だと思われるが，濾紙がもつ窒素コンタミネーションがかなり大きいため，前もって洗浄するなどの措置が必要であり（Stark & Hart, 1996），また濾過に長時間かかることが多い．そこで筆者らは，遠心管をそのまま遠心機に軽くかけて土壌粒子を十分沈殿させ（図c），その上澄み液を50 mLのディスポシリンジとガラス繊維濾紙をセットしたフィルターフォルダーの組み合わせに流し込み，一気に濾過する方法をとっている（図d）．ガラス繊維濾紙は，海洋での溶存窒素研究でよく

使われている 0.7 μm の口径をもつガラス繊維濾紙（GF/F, 25 mm）を用いることが多い．このフィルターはガラス製なので，塩と同様に 450℃ で焼く（2 時間）ことで窒素コンタミネーションを減らすことができる．濾紙は 50 枚単位でアルミホイルに包んだまま焼き，フィルターフォルダーにセットする場合は清浄なピンセットを用いてセットする．25 mm のフィルターをセットできるフィルターフォルダーは，構造が込み入っているためきれいに洗浄することが難しく，土壌抽出中に洗って再利用することは難しいため，多数を準備しておき，酸＋超純水洗浄の後，しっかり乾燥し，前もってガラスフィルターをセットしておく．濾過をする時には，必ず溶液がフィルターフォルダーをきちんと通っているかを確認しながら丁寧に行い，酸洗浄と超純水洗浄を行ったプラスチック製ボトルに受け，濾過が終わり次第すぐに冷凍保存する．遠心管に土壌を入れないまま 35 mL の水溶液を入れ，振盪から濾過まで土壌資料と同じ処理を行った「サンプルブランク」も 3〜6 個作成しておくようにし，サンプルと同じように保管する．アンモニウムイオンの同位体比測定を行う場合はすぐさま Diffusion 法（Koba et al., 2010a）に抽出液の一部を供するのがよい．また，極域の有機物土壌のように濾過が大変難しいサンプルについては，より目の粗いフィルターを使う場合や，25 mm ではなく 47 mm のフィルターとポンプを使った吸引濾過を行う場合もある（図 e）．

なお，この後のアンモニウムイオン，硝酸イオン，TDN の濃度測定においても，標準溶液の作成においては抽出の時に使った抽出液を用いることが望ましい．同じ 2 M KCl 水溶液といっても窒素コンタミネーションの大小はかなりのばらつきがある（塩の問題と水の問題の両方の要因がある）．そのため，同じ 2 M KCl 溶液だとはいえ，別の日に作成した溶液を使って標準溶液やコンタミネーションの評価を行うことは避けたい．そこで土壌抽出にあたっては，どれだけの量の土壌を抽出するかだけでなく，その後の濃度測定，さらには同位体比測定にも同一抽出液を継続的に利用していくということを考慮に入れた実験準備が必要となる．筆者らの場合は，土壌そのものに 1 L 利用する予定であれば，濃度測定用にもう 1 L，そして同位体比測定用にさらに 1 L，と全部で 3 L 程度 KCl 溶液を作成しておくことにしている．

2.1.2 ^{15}N 自然存在比による森林の窒素循環解析

A. 安定同位体自然存在比の基礎

先に述べたように窒素には ^{15}N と ^{14}N の安定同位体が存在し，これら 2 つの間に大きな違いはない．しかし，実際にはわずかではあるが反応速度に違いが生じ，平易な表現をするならば，^{14}N のほうが ^{15}N よりもほとんどの場合反応

しやすい．この反応速度の違いを一般に同位体分別と呼び，反応速度を比率で表し，ある反応でどれだけ ^{14}N のほうが ^{15}N より反応速度が大きいかという指標を同位体分別係数として扱う．^{15}N 自然存在比（δ^{15}N）は一般に次のように定義される．

$$\delta^{15}\mathrm{N} = \frac{\mathrm{R}_{試料}}{\mathrm{R}_{標準物質}} - 1 \qquad (2.1)$$

ここで R は ^{15}N/^{14}N 比を表し，窒素の場合，標準物質は対流圏中の窒素ガスとなっており，R＝0.0036765 である．また窒素同位体分別係数（$^{15}\varepsilon$）は

$$^{15}\varepsilon = \frac{k}{k'} - 1 \qquad (2.2)$$

であり，ここで k および k' は軽い同位体（^{14}N）と重い同位体（^{15}N）の速度反応定数である．δ^{15}N も $^{15}\varepsilon$ も通常，千分率（‰）で表す．本章ではこの同位体分別の値は正の値をとるように定義しているが，論文によっては k と k' が分母分子逆で，分別係数の正負が逆になる場合もあるので注意が必要である．この同位体分別はさまざまな過程で異なる値をとることが知られており，森林の窒素循環を考えてみると，植物や微生物の窒素吸収，窒素固定，土壌窒素無機化，硝化，脱窒でそれぞれその反応特有の値をとることが知られている（図 2.2）（Denk *et al.*, 2017）．逆にこの同位体分別を利用し，実際に森林中に存在する窒素コンパートメントの ^{15}N 自然存在比を測定することで，どのような反応がどの規模で生じていたかを，窒素循環系を撹乱することなく，非撹乱・非侵襲的に解析することができる（「非撹乱・非侵襲的に解析する」という点については Box 2.2 を参照）．

　この手法，いわゆる ^{15}N 自然存在比法の欠点として，前述の通り非常に狭い幅でしか変動しない ^{15}N 自然存在比を精密に測定するための手法が煩雑であることがまず挙げられる（測定手法については，EA-IRMS による測定の実際を詳細に解説している土居ほか（2016）を参照）．さらに同位体分別係数を用いた解析がほとんどの場合必須であるため，同位体分別係数の値に解析結果が大きく依存し，定量的な議論が困難であり，得られる結果の説得力に欠けることが挙げられる．しかし，特に長年にわたる比較的小さな窒素供給の変化がもたらす窒素飽和というような研究対象に対しては，小さな変化を時間的に積分し

第2章 大気窒素沈着による森林生態系の窒素飽和現象

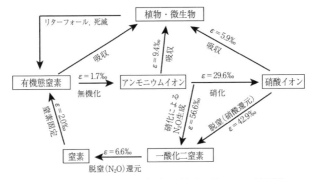

図2.2 森林の窒素循環の概略図（木庭・楊, 2011を改変）
それぞれの過程で生じる同位体分別の大きさをDenk et al. (2017) で提案された同位体分別係数の平均値を用いて示している．

た情報を ^{15}N 自然存在比が与える可能性があるため，その利用が期待されている手法でもある．

Box 2.2 非撹乱な，非侵襲的なアプローチの重要性

　安定同位体自然存在比の基礎（2.1.2項 A）で挙げた，安定同位体自然存在比を用いた「非撹乱な，非侵襲的なアプローチ」という特徴については，これまであまり考えられてこなかった．無論，土壌や植物の採取は生態系の撹乱を伴い，生態系や窒素循環系に対して「非侵襲」という言葉を使うことも適切ではないと思われるが，それを頭に入れた上でこの点について少し記しておきたい．

　前述の通り，窒素が植物の一次生産を制限すること，そして土壌微生物にとっても当然窒素が必須であることから，窒素を生態系に添加してその振る舞いを追跡することは，必ずある種の変化を循環系にもたらすと考えられる．そこで窒素循環の一部を切り取って詳細な検討を重ねていくというアプローチがとられ，たとえば土壌を採取し，現場や実験室内で培養し，どのように窒素が無機化，硝化され，同時に不動化されるか，という観測が行われてきた．繰り返すがこれらの詳細な実験から得られる情報は大変重要であり，この積み重ねによって土壌中での窒素の挙動について多くの知見が得られてきている（たとえばSchimel & Bennet 2004; Frank & Groffman, 2009）．しかし，土壌培養実験で得られる情報は土壌窒素循環の潜在能力の指標（potential）であり，現実に駆動している窒素循環系の姿を必ずしも反映しているものではない．

　90年代に行われた滋賀県スギ人工林での一連の研究において，森林斜面の上部

では表層土壌（0〜5または〜10 cm深）中に存在する抽出可能な無機態窒素の中にはアンモニウムイオンが多く，斜面下部では硝酸イオンが多いという傾向があった（Tokuchi et al., 1999）．この斜面上部＝アンモニウムイオン優占，斜面下部＝硝酸イオン優占，という傾向は異なる時期に土壌を採取しても保たれており（Tokuchi et al., 2000），その傾向は土壌培養実験による純窒素無機化・硝化速度および ^{15}N トレーサーを用いた同位体希釈法による総窒素無機化・硝化・不動化速度推定からより顕著に示されている．それらの結果から，斜面上部では硝化がほとんど起こらず，一方で斜面下部では無機化された窒素のほぼ100％が硝化されるという二極化が進んでおり（Tokuchi et al., 2000），斜面の中部では硝化しない土壌と硝化が強く生じる土壌がモザイク状に存在していることが示された（Hirobe et al., 1998）．これらの結果の一致は好ましいものであったが，しかしもう一度，実際の土壌での窒素循環データを見直してみると，土壌中には斜面上部であれ下部であれ，アンモニウムイオンも硝酸イオンも，培養実験の極端な結果とはむしろ相容れず，それなりの割合で存在しており，斜面下部では表層土壌を培養するとアンモニウムイオンは消失することが多いにもかかわらず（Hirobe et al., 1998），現存する無機態窒素としてはアンモニウムイオンが約半分程度を占める（Koba et al., 1998; Tokuchi et al., 1999）．さらに，1ヶ月の土壌培養実験の結果では，土壌中に高濃度で無機態窒素が蓄積するにもかかわらず，現場土壌を測定した結果では，そのような高濃度の無機態窒素蓄積は見られない（Koba et al., 1998; Tokuchi et al., 1999）．また，実際には無機態窒素の蓄積様式はその培養期間に依存しており，多くの場合，純速度測定は約1ヶ月の培養期間を用いるが，長期間培養すると斜面上部の表層土壌からも硝酸イオンの生成が少しずつ観測されることもわかっている（Hirobe et al., 2003）．

　これらのデータは，土壌中に存在する無機態窒素の形態およびその量（濃度）は，土壌微生物がもつポテンシャル（これは培養実験などである程度は推定できる）が実際にどのように発揮されているかに依存しており，そこには，通常の培養実験では測定できない，植物による無機態窒素の吸収，つまり植物と土壌微生物の間の無機態窒素にまつわる競争が大きく影響している可能性を示唆している．植物による窒素吸収により，土壌中の無機態窒素濃度は低く抑えられるであろうし，より細かく見れば，アンモニウムイオンが消費されれば硝化が進まず，一方で植物により易分解性の炭素が供給されれば，それにより無機化が促進される，といったことが生じていると思われる．このような絶妙なバランスが土壌と植物の間では形成されており，結果として，比較的安定した状態で，低濃度で土壌無機態窒素が存在している，というデータが観測されているのである．さまざまなつながりをもった窒素循環の一部を切り取ればそのポテンシャルは測定できるが，つながりを維持したまま窒素循環を観測するという立場も併用しなければ，現場での窒素循環の理解は難し

いということがこのようなデータには隠されているのではないかと考えている．そして，リモートセンシングやガス放出速度の測定に加えて，安定同位体自然存在比による観測は，現場の窒素循環の姿を何とか映し出すことができるという特徴を有している数少ない手法であるといえよう．

B. 窒素飽和状態と $\delta^{15}N$：窒素飽和進行状況の指標となりうるのか？

　窒素飽和状態の森林がもつ特徴がどのように $\delta^{15}N$ に現れるかについて紹介する．窒素飽和が進行するに従い，土壌中の硝化が活発になることが予想されている（図2.1）．硝化反応は，アンモニウムイオンがアンモニアを経て，亜硝酸イオン，さらに硝酸イオンへと酸化される反応である．ほとんどの場合土壌中では硝化の中間生成物である亜硝酸イオンは検出されず，アンモニウムイオンと硝酸イオンの濃度変化の関係から硝化は議論される．同位体比の変動も同様に議論されてきており，硝化細菌の純粋培養の結果では，アンモニウムイオンの $\delta^{15}N$ は硝化（実際にはアンモニア酸化）により上昇し，その際の同位体分別は，土壌については 29.6±4.9‰ という値が提案されている（図2.2）(Denk *et al.*, 2017)．これはアンモニウムイオンから硝酸イオンが生成される際に ^{14}N は ^{15}N と比較して約3% 高い反応速度をもつ，ということを意味している．つまり，土壌中で硝化が活発になると基質であるアンモニウムイオンの $\delta^{15}N$ は上昇し，同時に生成する硝酸イオンは低い $\delta^{15}N$ をとると考えられる．さらに，アンモニウムイオンは pH が高い状態ではアンモニア揮散を受けるが，このアンモニア揮散においても 40～60‰ と大きな同位体分別があるとされている（Handley *et al.*, 1999）．一方で硝化が進行すると，微生物による嫌気的環境での硝酸呼吸，つまり脱窒の可能性が高まるとも予想される．この脱窒においても同位体分別が求められており，土壌の培養実験のデータをまとめた Denk *et al.* (2017) では脱窒の初期反応である硝酸イオンの還元において 10～52.8‰ という値を報告している．

　このように，窒素の形態変化，特にガス態で失われる場合に大きな同位体分別がある．つまり窒素が回転すればするほど，特に失えば失うほど，違う言い方をするならば窒素循環がより開放的になればなるほど，アンモニウムイオンや硝酸イオンなどの $\delta^{15}N$ が上昇し，結果それらを利用する植物の $\delta^{15}N$，さら

2.1 窒素安定同位体の利用

には土壌の $\delta^{15}N$ が上昇すると考えることができる．$\delta^{15}N$ の上昇程度についてモデル計算なしに定量的な議論を厳密に行うのは難しいが，それでもこの，「より窒素が回ると $\delta^{15}N$ が高い」，「より開放的な窒素循環であれば $\delta^{15}N$ は高い」という考え方は，窒素の回転速度（さらに言い換えれば窒素の可給性）や窒素循環が開放的か閉鎖的かということの測定が極めて困難なため，大変魅力的である．たとえばハワイでの研究においては，土壌と植物の $\delta^{15}N$ を用いてハワイの窒素循環が開放的なものへと移行していく様子を議論している（Austin & Vitousek, 1998; Schuur & Matson, 2001）．また Amundson et al. (2003) では世界中の植物と土壌の $\delta^{15}N$ データをメタ解析し，年平均気温と年平均降水量との関係を見い出し，暑く乾燥した生態系は，冷たく湿潤な生態系と比較してより開放的な窒素循環をもつと結論づけている．

2000年代に入り，前述した EA-IRMS の本格的な普及により植物やバルク土壌の $\delta^{15}N$ 測定が非常に容易になったため，世界中で多数のデータが収集されるようになった．そこでプロットレベルの狭い範囲ではなく，より大きな空間スケールで植物や土壌の $\delta^{15}N$ データを考察できるようになってきた．Pardo et al. (2006) では，北米，ヨーロッパ，チリの植物の $\delta^{15}N$ データを集め，土壌純硝化速度と植物の葉の $\delta^{15}N$ の相関，そして葉の窒素濃度と $\delta^{15}N$ との相関を見い出した．これは，窒素飽和状態に向かうにつれ，林床の C/N 比（有機物の C と N のモル比）が低下し，土壌中の硝化が活発になり，硝化における同位体分別の結果，生態系に残された窒素の $\delta^{15}N$ は上昇し，その $\delta^{15}N$ 上昇が植物の $\delta^{15}N$ の上昇として検出されたと議論している．Craine et al. (2009) ではより広範囲から植物の葉の $\delta^{15}N$ を集め，窒素可給性が高くなるにつれ，葉の $\delta^{15}N$ が上昇する傾向を突き止めている．これらの研究から，窒素飽和に向けて（つまり窒素可給性は上昇し，窒素循環がより開放的になるにつれて），植物の $\delta^{15}N$ の上昇が見られるであろうと期待される（図2.1）．

広域でのデータ比較では確かにそのような傾向があるかもしれない．とはいえ，たとえばある集水域における $\delta^{15}N$ の測定だけから，その集水域の窒素循環の特徴を捉える，またはある植物の $\delta^{15}N$ が高いので，その森林が窒素飽和状態である，というには残念ながらまだまだ $\delta^{15}N$ の解析における不確実性が高すぎる．つまり現在のところ，プロットスケールでの $\delta^{15}N$ 研究は窒素循環

についての決定的な解釈を植物の $\delta^{15}N$ から導く，というものではないことが多い．むしろ，通常の窒素循環測定法で求められる窒素循環過程の特徴がどのように植物の $\delta^{15}N$ と関連しているかを解析することで植物の $\delta^{15}N$ の指標性を検討する，というだけにとどまっていることが多い．Pardo et al.（2006）で行った解析をより詳細にプロットスケールで検討したTempler et al.（2007）では，葉ではなく根の $\delta^{15}N$ または有機物層の $\delta^{15}N$ が，土壌の純窒素無機化や硝化速度と良い相関があったことを報告している．しかし，ここから根の $\delta^{15}N$ をより広域における純窒素無機化や硝化速度のパラメータとして使うというのは本末転倒である（根の $\delta^{15}N$ 測定自体はかなりの労力を必要とする上，そもそも純窒素無機化を直接測定すればよい話である）．$\delta^{15}N$ をより利用価値の高い情報を提供するパラメータとして解析を行うためには，より直接的に植物の $\delta^{15}N$ に関連する情報，バルク土壌ではなく実際に微生物や植物が利用する可給態窒素，たとえばアンモニウムイオンや硝酸イオンの $\delta^{15}N$ が必要となるであろう．Garten（1993）は土壌中の無機態窒素と植物の $\delta^{15}N$ を比較することで，単一集水域内の斜面位置の異なる場所で異なる窒素循環過程が駆動していることを明らかにしている．同様にKoba et al.（2003）では，土壌中の硝酸イオン濃度が高くない斜面上部に生息している植物の多くが，実は硝酸イオンを窒素源として利用しているという可能性，つまりは土壌中の硝酸イオンの利用可能性は土壌硝酸イオン濃度で示されるよりも高いという可能性を，無機態窒素を含めた $\delta^{15}N$ データ解析だけでなく植物の硝酸還元酵素活性のデータをもとに提案している．しかし，比較的測定の困難な無機態窒素の $\delta^{15}N$ を測定すればそれでよい，というわけでもない．Nadelhoffer et al.（1996）（表 2.1），またはHandley & Scrimgeour（1997），Craine et al.（2015）にまとめられているように，植物の $\delta^{15}N$ はアンモニウムイオンや硝酸イオンといった基質の $\delta^{15}N$，それらイオンが降水由来か土壌由来か，土壌中の窒素がもつ $\delta^{15}N$ の深度による変化，さらには菌根共生の有無や種類，そしてそれらの強度によって左右される植物の窒素吸収における同位体分別，などさまざまな要因が影響してくる．たとえばアンモニウムイオンではなく硝酸イオンを好む（Koba et al., 2003; Takebayashi et al., 2010; Fang et al., 2011），土壌深層よりも表層の低い $\delta^{15}N$ をもつ窒素を吸収する（Koba et al., 1998, 2010b; Kohzu et al., 2003），エ

表 2.1 ツンドラ生態系における植物 $\delta^{15}N$ を左右する要因（Nadelhoffer *et al.*, 1996 より）

植物種の特徴	$\delta^{15}N$ が上昇する場合	$\delta^{15}N$ が減少する場合
窒素供給源	土壌窒素無機化	流出水，降水（？）
根系の深さ	深い	浅い
菌根共生	非共生	強度に依存 （特にエリコイド菌根）
利用する窒素形態	アンモニウムイオン 硝酸イオン（脱窒を受けた）	有機態窒素（リターからの） 硝酸イオン（脱窒を受けていない）
窒素固定	……$\delta^{15}N$ は 0 に近づく……	

リコイド菌根や外生菌根を通じて窒素を吸収する（Kohzu *et al.*, 2000; Craine *et al.*, 2009），といった要因で植物の $\delta^{15}N$ は低くなると考えられる．逆にある生態系で異なる植物が異なる $\delta^{15}N$ をもつことは，これらの要因が反映されていることを意味しているのだが，やはり植物の $\delta^{15}N$ のみを用いて窒素循環過程，特に窒素飽和の状態を把握する，いうことは限られた $\delta^{15}N$ に関する知見しかない現状では難しそうである．今後，プロットスケールから集水域スケールにおける無機態窒素を含めた土壌，植物，そしてガス態窒素のインフラックス（流入）・エフラックス（流出）についての $\delta^{15}N$ 測定（Pörtl *et al.*, 2007; Koba *et al.*, 2012），さらにより大きな規模での $\delta^{15}N$ 調査（たとえばリモートセンシングによる $\delta^{15}N$ 広域調査：Singh *et al.*, 2015；柳井・木庭 2017），そして生態系内での $\delta^{15}N$ の変動様式のモデル化（van Dam & van Breemen, 1995; Garten & Van Miegroet, 1994; Koba *et al.*, 2003; McLauchlan *et al.*, 2010）を組み合わせていくことで，植物の $\delta^{15}N$ の指標性は高まると期待される．

2.2 酸素同位体の利用

2.2.1 重酸素（^{18}O）自然存在比による森林の硝酸イオンの動態解析

2.1 節で見てきたように，窒素安定同位体比によりさまざまな現象についての情報が得られるものの，その利用できる対象には限界がある．たとえば窒素飽和を考える際に重要な，大量の大気沈着窒素がどのように森林の中で利用され，渓流水を介して流出していくのか，という問いに対して，$\delta^{15}N$ はあまり

第 2 章　大気窒素沈着による森林生態系の窒素飽和現象

有効ではない．土壌窒素と大気沈着窒素はそれぞれ広い $\delta^{15}N$ の幅をもち，オーバーラップしているからである．たとえば窒素化合物の中で渓流水中に高濃度で含まれる硝酸イオンに着目すると，大気沈着硝酸イオンと渓流水中の硝酸イオン，そして土壌中の硝酸イオンは，それぞれの硝酸イオンの生成過程による特徴をもった $\delta^{15}N$ シグナルをもつものの，それぞれ広い $\delta^{15}N$ 幅をもち，結果として大気沈着硝酸イオンの運命を追跡する有効なツールとはならなかった．

硝酸イオンの水質における重要性も合わさって，硝酸イオンについての同位体研究は古くから行われてきた（たとえば 1970 年代前半の研究ではあるが，Kohl *et al.*, 1972．そしてその研究に対して出された Hauck *et al.*, 1972 における議論は現在でも参考になる）．その中で，1980 年代後半に，硝酸イオンの窒素だけでなく酸素の自然存在比（$\delta^{18}O$）を用いた研究が始まった．

$$\delta^{18}O \text{ or } \delta^{17}O = \frac{R_{試料}}{R_{標準物質}} - 1 \qquad (2.3)$$

ここで R は，$\delta^{18}O$ の場合 $^{18}O/^{16}O$ を，$\delta^{17}O$ の場合 $^{17}O/^{16}O$ を表し，酸素の場合，標準物質は仮想的標準海水（SMOW）となっており，$\delta^{18}O$ の場合，$R_{標準物質}=0.0020052$，$\delta^{17}O$ の場合，$R_{標準物質}=0.0003799$ である．

おそらく Amberger & Schmidt (1987) が，最初の硝酸イオンにおける $\delta^{18}O$ 測定結果の報告例と思われる．この論文の中で彼らは，肥料と硝化で生成された硝酸イオンの間には大きな $\delta^{18}O$ の違いがあることを報告している．さらに Böttcher *et al.* (1990) では脱窒における同位体分別が酸素同位体についても認められ，その分別の大きさの比をとると窒素と酸素で約 2：1 であること，さらにその段階では未発表データであったが，降水硝酸イオンの $\delta^{18}O$ が 50～60 ‰ と特異的に高い値をとることを報告している．

硝酸イオンの $\delta^{18}O$ を有効に使った最初の画期的な研究が，Durka *et al.* (1994) での降水硝酸イオン追跡研究である．この論文の中で彼らは，ドイツの 8 森林を選定した．見かけ上健全な状態の森林から酸性化による被害（マグネシウム不足）を受けている森林まで，窒素沈着速度は硝酸イオンで 5.0～12.3 kgN ha^{-1} y^{-1}，アンモニウムイオンで 8.3～15.1 kgN ha^{-1} y^{-1}，渓流水中の硝酸イオン濃度は 43～361 μM，硝酸イオンの流出フラックスとしては 4.1～19.2 kgN ha^{-1} y^{-1} と幅広い窒素状態の森林を選定し，渓流水中の硝酸イオン，

および林内雨（雪）中の硝酸イオンについて $\delta^{15}N$ と $\delta^{18}O$ を測定した．

その結果，降水硝酸イオンの $\delta^{15}N$ は 3〜6‰（4.3±1.1‰），$\delta^{18}O$ は 60〜73‰（64.5±4.8‰）であり，大変高い $\delta^{18}O$ を降水硝酸イオンがもつことが明らかにされた．一方，渓流水硝酸イオンの $\delta^{15}N$ は −2〜+2‰，$\delta^{18}O$ は 11〜33‰ であった．土壌中で硝化によって生成される硝酸イオンがとる $\delta^{18}O$ は後述するようにまだよくわかっていないが，当時は3つの酸素原子の2つが水から，1つが酸素ガスからくる（Andersson & Hooper, 1983）と考えられていた．そのため，酸素ガスの $\delta^{18}O$（約 23.5‰; Kroopnick & Craig, 1972）と水の $\delta^{18}O$（−10.5〜−3‰）から，硝化による硝酸イオンの $\delta^{18}O$ は 0.8〜5.8‰ と予測されるので，この値では 11〜33‰ という渓流水硝酸イオンの高い $\delta^{18}O$ は説明できない．また，硝化で生成した硝酸イオンが脱窒を受けたとしても，この高い $\delta^{18}O$ まで脱窒が進んだとした場合，前述した通り $\delta^{18}O$ が 1‰ 上昇する際には $\delta^{15}N$ が 2‰ 上昇すると考えられる．この関係を用いて，脱窒を受ける前の硝酸イオンがもつはずである $\delta^{15}N$ を計算すると −63〜−19‰ となり，このように低い $\delta^{15}N$ をもつ硝酸イオンが硝化によって生成されるというのは考えにくい．したがって，脱窒により渓流水硝酸イオンが高い $\delta^{18}O$ をもつと解釈するのも無理がある．となると，残された可能性は，渓流水中の硝酸イオンには利用されずに大気硝酸イオンがそのまま入り込んでいるということになる．そこで渓流水硝酸イオン中の大気硝酸イオンの割合（f_{atm}）を下記のように表す．

$$f_{atm} = \frac{\delta^{18}O_{渓流水硝酸イオン} - \delta^{18}O_{土壌硝化硝酸イオン}}{\delta^{18}O_{大気硝酸イオン} - \delta^{18}O_{土壌硝化硝酸イオン}} \qquad (2.4)$$

ここで，$\delta^{18}O$ 土壌硝化硝酸イオン=3.3‰，$\delta^{18}O$ 大気硝酸イオン=65‰，そしてそれぞれの森林で求められた $\delta^{18}O$ 渓流水硝酸イオンを代入し，f_{atm} を算出すると，14〜46%，平均26% と算出された．つまり，渓流水硝酸イオンの74%が硝化によるものということである．この f_{atm} は酸性化への対策である石灰添加処理を受けた森林で低く，衰退している森林で高い値をとっていた．1年間に入ってくる大気硝酸イオンのうち，どれだけの割合が渓流水へと流れているかというフラックスを健全，低度の衰退または石灰添加を受けている森林について求めると 16〜30% となった．つまり，見かけ上健全な状態と思われる森林においても，かなりの量の大気硝酸イオンが植物や土壌微生物によって利用

されることなく，土壌を通り流れ出ていたということになる．一般に窒素が足りないと考えられている森林で，貴重な窒素源と考えられる降水由来の硝酸イオンがこれほど使われずに流れ出ているとは大変な驚きであった．さらに，衰退している森林ではこの割合は59～114%にまで及び，大気硝酸イオンが森林内でほとんど使われないまま渓流水へと流れ出ている状況が明らかになった．

このように，これまで全く知ることのできなかった硝酸イオンの挙動について $\delta^{18}O$ は有益な情報を与えることが明らかとなった．しかし，硝酸イオンの $\delta^{18}O$ 測定は大量の試料と煩雑な前処理を必要とするものであり，Durka et al. (1994) の後，$\delta^{18}O$ を用いた研究はなかなか進展しなかった．その後，硝酸銀へと硝酸イオンを変換する方法（Silva et al., 2000），そして一酸化二窒素へと硝酸イオンを変換する方法（Sigman et al., 2001; Casciotti et al., 2002; McIlvin & Altabet, 2005）という測定法の進展により（詳細は木庭，2017 を参照），2000年代中盤から急速に $\delta^{18}O$ を用いた研究が進んできた．そして Druka et al. (1994) で認められた，高い $\delta^{18}O$ をもつ大気硝酸イオンに対して，低い $\delta^{18}O$ をもつ土壌硝化硝酸イオンや渓流水硝酸イオンという傾向が一般的であることがわかってきた（図2.3）．たとえば Ohte et al. (2004) はいち早く硝酸イオンの一酸化二窒素への変換法（脱窒菌法）を用い，これまでの研究では不可能であった高時間分解での渓流水硝酸イオン $\delta^{18}O$ データを取得し，雪解けによって降水硝酸イオンが一気に渓流水へと流れ込んでいるさまを明らかにしている．同様に脱窒菌法を用いた Osaka et al. (2010) では，森林内で降水硝酸イオンが徐々に土壌硝化硝酸イオンに置き換わっていき，渓流水硝酸イオンのほとんどすべてが土壌硝酸イオンとなっている様子を，林外雨，林内雨，土壌溶液，地下水，渓流水と水の流れに沿って観測することによって明らかにした．さらに Wexler et al. (2014) では，物質循環研究で有名な北米のハッバードブルック実験林において地下水中で脱窒が生じていることを地下水中硝酸イオンの $\delta^{15}N$ と $\delta^{18}O$ の解析から見い出している．

これらの知見はこれまで予想されていた現象を明らかにしたという点で有意義である一方，ある程度予想されていた結果ともいえる．一方で，f_{atm} の情報がさまざまな生態系で得られるようになり，窒素飽和状態ではなく，いわゆる健全な窒素循環をもつと思われる森林において 11～12%（Barnes et al., 2008），

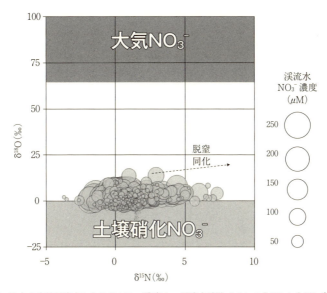

図 2.3　日本の森林渓流水における NO₃⁻ 濃度と，渓流水硝酸イオンの δ¹⁵N と δ¹⁸O（木庭ほか，未発表）
大気 NO₃⁻ と土壌硝化 NO₃⁻ の範囲はおおよそのものを示しており，より広い範囲をとる可能性がある．高い $\delta^{18}O$ をとる大気 NO₃⁻ と低い $\delta^{18}O$ をとる土壌硝化 NO₃⁻ の間に観測された渓流水 NO₃⁻ が入っていることがわかる．また，NO₃⁻ が脱窒や同化といった消費を受けると $\delta^{15}N$ と $\delta^{18}O$ は上昇すると考えられる（本文参照）．

7%（Sebestyen *et al.*, 2008），26%（Tobari *et al.*, 2010）とさまざまな f_{atm} 値が報告されている．このことから Durka *et al.* (1994) での発見，つまり f_{atm} は健全な生態系でも 0% ではなく，降水硝酸イオンは森林で使い切られることがない，というこれまでの予想に反する結果はより確からしいものになってきている．f_{atm} を求めた研究をまとめ，その平均値がおおよそ 10% 程度であることを Rose *et al.* (2015) では報告しており，f_{atm} に影響を与える測定上の要因，生物学的な要因，物理的な要因についてまとめている．後述するように $\delta^{18}O$ による f_{atm} 算定の不確実性が含まれるが，日本の森林で調べてみると f_{atm} は 10% を超えることが多く（図 2.4），この高い f_{atm} の原因を，これが日本を含むアジアモンスーン地域の特徴であるか，という点を含め精査していく必要がある．

第2章　大気窒素沈着による森林生態系の窒素飽和現象

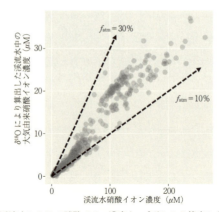

図2.4　日本の森林渓流水における硝酸イオン濃度と，δ^{18}Oから算出した渓流水硝酸イオン中の大気由来硝酸イオン濃度（木庭ほか，未発表）．
矢印はf_{atm}が10%と30%の線を表している．算出法の問題はあるが（本文参照），硝酸イオン濃度が低く，比較的貧窒素環境の森林も硝酸イオン濃度が高く，比較的に窒素が豊富な森林も同程度の大気由来硝酸イオンの割合をもった渓流水硝酸イオンを流出していることがわかる．

2.2.2　^{17}O酸素同位体比の利用

A. ^{17}Oの基礎知識とΔ^{17}Oによるf_{atm}の推定

　δ^{18}Oを用いたf_{atm}の算出が盛んになってきたものの，いくつかの問題点が存在している（木庭，2013b）．その1つが，脱窒や硝酸同化によってδ^{18}Oが上昇するという現象である．硝酸イオンを異化（脱窒）または同化（吸収同化）する際には窒素と酸素の同位体について同位体分別が生じることが知られており，δ^{15}Nとδ^{18}Oが同時に，ある比率をもって上昇すると考えられている（図2.3の点線矢印）．δ^{15}Nとδ^{18}Oの変化比率（または窒素と酸素の同位体分別係数の比率）については前述の通り，脱窒では1：1または2：1と考えられてきたが，現在はさまざまな研究結果が集積しており，単純に1：1または2：1と考えることは難しくなってきた（詳しくは木庭，2017を参照）．しかしδ^{15}Nと同様に，δ^{18}Oも脱窒や同化といった土壌微生物や植生による硝酸イオンの利用によって少なからず上昇することはありえることであり，その結果，たとえ大気硝酸イオンの混入がなくとも，土壌硝化硝酸イオンが脱窒や同化を受けることでそのδ^{18}Oが高くなり，結果としてf_{atm}が高く推定される可能性は大いにある．

2.2 酸素同位体の利用

ところで，酸素の同位体には ^{16}O と ^{18}O，そして ^{17}O がある．これまで述べてきた $\delta^{18}O$ は ^{16}O と ^{18}O の比率に関するパラメータであり，^{17}O については $\delta^{17}O$ というパラメータが同様に存在する．しかし通常の場合，言い換えると，地球表層環境における一般的な物質循環を考える場合には，同位体分別によって物質の同位体比は変動するわけだが，その際に ^{16}O と ^{18}O の間の関係と ^{16}O と ^{17}O の間の関係は密接かつ予測可能，より詳しくいえば，同位体分別が質量に依存した状態で生じる．もっと簡単に言い換えれば，物質の $\delta^{17}O$ は $\delta^{18}O$ によって計算することが可能であり，地球表層環境ではおおよそ

$$\delta^{17}O = 0.52 \times \delta^{18}O \tag{2.5}$$

と表現される（Michalski *et al.*, 2003）．つまり，$\delta^{18}O$ だけ考えれば $\delta^{17}O$ は必要ではないため，$\delta^{18}O$ ばかり考えてきたのである．しかし実際には，この質量依存の関係からずれる反応（非質量同位体分別を伴う反応）が存在しており，その場合，$\delta^{17}O$ と $\delta^{18}O$ は通常の関係からずれることが知られている（角皆ほか，2010 に詳しい解説）．この通常の関係からのずれ（アノマリーまたは同位体異常）を $\varDelta^{17}O$ と表記すれば，

$$\varDelta^{17}O = \delta^{17}O - 0.52 \times \delta^{18}O \tag{2.6}$$

となる．この $\varDelta^{17}O$ という表記についてはさまざまな酸素化合物について，その研究背景の違いなどを反映して，違う定義式を与えていることがあるので注意が必要である（角皆・中川，2014）．$\varDelta^{17}O$ はさまざまな酸素を含む化合物で測定されており，オゾン，そしてオゾンから酸素原子を受ける大気硝酸イオンが高い値をもつことが知られている（Kendall *et al.*, 2007）．たとえば大気硝酸イオン（硝酸エアロゾル）の $\varDelta^{17}O$ は大気硝酸イオンの生成過程や酸素原子の起源によって異なるものの，おおよそ 20〜35‰ 程度の値をとる（Michalski *et al.*, 2011）．一方で，質量依存同位体分別により生成された溶存酸素と水から生成される土壌硝化硝酸イオンは 0‰ の $\varDelta^{17}O$ をもつことになる．つまり，$\delta^{18}O$ と同じく，$\varDelta^{17}O$ で見ても，大気硝酸イオンと土壌硝化硝酸イオンは明確な違いをもつことがわかる．ここで $\delta^{18}O$ と $\varDelta^{17}O$ の違いは，ある硝酸イオンの $\varDelta^{17}O$ は，その硝酸イオンがどれだけ脱窒を受けようと同化を受けようと不変

であるということである．上述の通り，たとえば脱窒を受けた硝酸イオンの $\delta^{15}N$ も $\delta^{18}O$ も上昇するが，脱窒が質量依存の同位体分別を示すため，どれだけ $\delta^{18}O$ が変化しようと，$\Delta^{17}O$ は元のまま変わらない．唯一 $\Delta^{17}O$ が変化するのは，異なる $\Delta^{17}O$ をもつ硝酸イオンの混入が生じた時となる．

この $\Delta^{17}O$ がもつ特徴を使うと，脱窒・同化による $\delta^{18}O$ 上昇の影響を除いた，正確な f_{atm} を算出することが可能となる（Michalski & Thiemens, 2006）．

$$\Delta^{17}O_{渓流水硝酸イオン} = f_{atm} \times \Delta^{17}O_{大気硝酸イオン} + (1-f_{atm}) \times \Delta^{17}O_{土壌硝化硝酸イオン} \tag{2.7}$$

ここでたとえば，$\Delta^{17}O_{渓流水硝酸イオン}=5‰$，$\Delta^{17}O_{大気硝酸イオン}=25‰$ となる場合，$\Delta^{17}O_{土壌硝化硝酸イオン}=0‰$ なので，$5=f_{atm}\times25+(1-f_{atm})\times0=25f_{atm}$，つまり $f_{atm}=5/25=20$（％）と計算される．

Michalski *et al.*（2004）は，森林中の硝酸イオンについて初めて $\Delta^{17}O$ 測定を行い，土壌表層の硝酸イオンが高い $\Delta^{17}O$ をもつこと，つまりはかなりの部分が大気硝酸イオンで占められていること，そして渓流水硝酸イオンも $\Delta^{17}O$ の値がゼロでないことを突き止めている．また，$\Delta^{17}O$ を用いて，より正確な f_{atm} の値として 3.1～40.7% を求め，この値が $\delta^{18}O$ による f_{atm} である 5.7～48.3% と大きく異なることも報告している．$\Delta^{17}O$ の測定は容易ではない（Kaiser *et al.*, 2007; Komatsu *et al.*, 2008）ため，まだ $\Delta^{17}O$ 研究例は多くないが，たとえば Nakagawa *et al.*（2013）では世界中のミネラルウォーターに含まれる硝酸イオンの $\Delta^{17}O$ 測定から f_{atm} の平均を 3.1% と報告している．一方 Tsunogai *et al.*（2016）では，琵琶湖へ流入する河川の河口での硝酸イオンについて $\Delta^{17}O$ 測定を行い，平均の f_{atm} を 5.1% と算出している．

B．集水域総硝化速度の推定

さらに $\Delta^{17}O$ が硝酸イオンの消費によって不変であるという特徴を活かすことで，ある生態系における硝酸イオンの生成速度（総硝化速度）を算出することが可能である（Michalski & Thiemens, 2006; Tsunogai *et al.*, 2011; 角皆・中川，2014; Riha *et al.*, 2014）．総硝化速度を求める場合，f_{atm} の時と同様に，同位体に関するマスバランス式を立てる．

$$\Delta^{17}O_{流出} = Q_{硝化} \times \Delta^{17}O_{硝化} + Q_{大気} \times \Delta^{17}O_{大気} \tag{2.8}$$

ここで F_N を総硝化速度，硝酸イオン大気沈着速度を F_A とすると，

$$Q_{硝化} = \frac{F_N}{F_N + F_A} \tag{2.9}$$

$$Q_{大気} = \frac{F_A}{F_N + F_A} \tag{2.10}$$

$$Q_{大気} = \frac{\Delta^{17}O_{流出}}{\Delta^{17}O_{大気}} \tag{2.11}$$

さらに

$$Q_{硝化} + Q_{大気} = 1 \tag{2.12}$$

である．式(2.8)から $Q_{硝化}$ と $Q_{大気}$ を消して整理すると

$$F_N = F_A \times \left(\frac{\Delta^{17}O_{大気}}{\Delta^{17}O_{流出}} - 1 \right) \tag{2.13}$$

となる．つまり，森林へ入ってくる硝酸イオンの沈着速度（F_A：これは定期的な降水の濃度・量の測定で求めることができる）とその $\Delta^{17}O$（荷重平均値），そして流出する渓流水硝酸イオンの $\Delta^{17}O$（荷重平均値）を求めることで，集水域全体の総硝化速度（F_N）という重要かつ測定の極めて困難な窒素代謝速度（木庭，2013a）を求めることが可能となる．この手法を用いて集水域での F_N を求めた研究はまだ少ないが，11〜37 kgN ha^{-1} y^{-1} （Riha et al., 2014），43〜119 kgN ha^{-1} y^{-1} （Fang et al., 2015）という値が報告されている．

C．集水域総硝酸イオン消費速度の推定

硝酸イオンの生成に次いで，その消費について考えてみよう．硝酸イオン利用の有無と消費の強度について，硝酸イオンの同位体比から情報を抽出できるかについて考える．$\Delta^{17}O$ に関して立てた式(2.7)は，$\delta^{15}N$ や $\delta^{18}O$ を用いた場合の脱窒や同化の影響を除去できると先に述べた．ということは逆にいえば，脱窒や同化の $\delta^{15}N$ や $\delta^{18}O$ への影響を，式(2.7)を用いて見ることができるはずである．

ある地下水中の硝酸イオンにおける単純な例で考えてみよう（図2.5）．地下水中の硝酸イオンはまず大気硝酸イオンと土壌硝化硝酸イオンの混合で形成されるとする．この大気硝酸イオンの濃度を C_0，同位体比を $\delta^{18}O_0$，$\delta^{15}N_0$ と

第 2 章　大気窒素沈着による森林生態系の窒素飽和現象

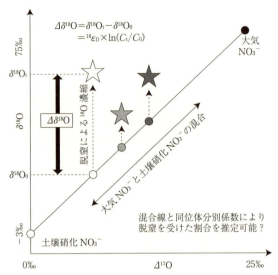

図 2.5　ある地下水における $\Delta^{17}O - \delta^{18}O$ map による脱窒の検討

まず低い $\Delta^{17}O$ と $\delta^{18}O$ をもつ土壌硝化硝酸イオンと高い $\Delta^{17}O$ と $\delta^{18}O$ をもつ大気硝酸イオンが混合した硝酸イオンが形成され（色の濃さの違う○で示す），それぞれの硝酸イオンが脱窒を受けると $\Delta^{17}O$ は不変のまま $\delta^{18}O$ が上昇するので，混合線から上へとデータが移動する（色の濃さの違う☆で示す）．我々が地下水を採取して観測できる硝酸イオンは☆であり，この $\Delta^{17}O$ と $\delta^{18}O$ と混合線の情報，さらに同位体分別係数を仮定することによって，観測された硝酸イオンがどのような割合で土壌硝化硝酸イオンと大気硝酸イオンが混合していたか，さらに脱窒をどの程度の強度で受けていたか，という履歴情報を抽出することが可能となる．

する．

$$\delta^{18}O_0 = f_{atm} \times \delta^{18}O_{大気硝酸イオン} + (1-f_{atm}) \times \delta^{18}O_{土壌硝化硝酸イオン} \quad (2.14)$$

ここで f_{atm} は式(2.4) つまり $\Delta^{17}O$ によって求めたものである．そして混合された後，硝酸イオンは消費を受けるが，地下水中であるので硝酸イオンの消費は脱窒によるものだけであると考えよう．この脱窒を受けた後の（そして我々が実際に観測可能な）地下水硝酸イオンの濃度を C_t，同位体比を $\delta^{18}O_t$，$\delta^{15}N_t$ とすると，

$$\Delta\delta^{18}O = \delta^{18}O_t - \delta^{18}O_0 \quad (2.15)$$

そして脱窒の進行割合 f_{deni} は

$$f_{\text{deni}} = \frac{C_{\text{t}}}{C_0} \tag{2.16}$$

と表される．同様に

$$\delta^{15}\text{N}_0 = f_{\text{atm}} \times \delta^{15}\text{N}_{\text{大気硝酸イオン}} + (1 - f_{\text{atm}}) \times \delta^{15}\text{N}_{\text{土壌硝化硝酸イオン}} \tag{2.17}$$

$$\varDelta\delta^{15}\text{N} = \delta^{15}\text{N}_{\text{t}} - \delta^{15}\text{N}_0 \tag{2.18}$$

となる．図 2.5 では $\delta^{18}\text{O}$ と $\varDelta^{17}\text{O}$ の関係に着目し，$\varDelta^{17}\text{O}-\delta^{18}\text{O}$ マップ上で上記の関係を表現している（Tsunogai et al., 2014 では $\varDelta^{17}\text{O}-\delta^{18}\text{O}$ および $\varDelta^{17}\text{O}-\delta^{15}\text{N}$ 両方のマップを渓流水硝酸イオンについて描いているので参照されたい）．つまり $\varDelta\delta^{18}\text{O}$ とは，$\varDelta^{17}\text{O}$ での大気硝酸イオンと土壌硝化硝酸イオンとの混合で決定される点から上方へどれだけ外れたか，というものになる（Tsunogai et al., 2011；木庭，2013b）．

残念ながらこの $\varDelta\delta^{18}\text{O}$ の，または $\varDelta\delta^{15}\text{N}$ の大小を単純に脱窒の強度として扱うわけにはいかない．$\delta^{18}\text{O}$ や $\delta^{15}\text{N}$ を上昇させる要因である脱窒における同位体分別は小さい場合も大きい場合もあり，かなりの幅をもつと考えられる（Houlton & Bai, 2009；Fang et al. 2015；Denk et al., 2017）．現在のところどのような機構が脱窒における同位体分別を規定しているかはまだ明らかとなっていない．Mariotti et al.（1982a）が，脱窒速度が大きい時に同位体分別係数 $^{15}\varepsilon$ が小さくなっていることを土壌培養実験により明らかにした．また Bryan et al.（1983）では，亜硝酸イオンの脱窒において，亜硝酸イオン濃度と有機物濃度を変化させて脱窒速度を変化させると $^{15}\varepsilon$ が大きく変化することを示している．そして近年の培養実験の結果（Kritee et al., 2012）によれば，$^{15}\varepsilon$ そして酸素同位体分別係数 $^{18}\varepsilon$（式(2.2)同様，^{16}O と ^{18}O の速度反応定数の比）についても，脱窒速度との関連性は単純ではないと考えられている．このため，現在もさまざまな生態系での脱窒における同位体分別係数の計測が行われている（Granger et al., 2008；Martin & Casciotti, 2016）．

しかし，もしもある一定の大きさの同位体分別が脱窒によって生じていると仮定できた場合は，さらに有益な情報を得ることが可能である．脱窒における酸素同位体分別係数を $^{18}\varepsilon_{\text{D}}$ と置き，同位体比の変動を表現するのに一般に用いられる Rayleigh 蒸留式（Koba et al., 2009）を利用すれば

第 2 章　大気窒素沈着による森林生態系の窒素飽和現象

$$\Delta \delta^{18}O = \delta^{18}O_t - \delta^{18}O_0 = {}^{18}\varepsilon_D \times \ln\left(\frac{C_t}{C_0}\right) = {}^{18}\varepsilon_D \times \ln(f_{deni}) \quad (2.19)$$

となる．ここで式(2.19)に $^{18}\varepsilon_D$，そして実測・計算される $\Delta \delta^{18}O$ と C_t を代入することにより，f_{deni} そして脱窒を受ける前の初期硝酸イオン濃度である C_0 を求めることが可能となる．つまり，実環境で我々が観測できる硝酸イオンがどれだけの脱窒，そして混合を受けてきたかを推定することができる．たとえばいま地下水から採取されたこの硝酸イオンはもともと降水硝酸イオンと土壌硝化硝酸イオンが 2:8 の割合で混合され（$f_{atm}=0.2$），その濃度（C_0）は 50 μM であったが，その後脱窒によって 60% 減少し（$f_{deni}=0.4$），観測される時には 20 μM の濃度（C_t）になっていた，という履歴情報を得ることが同位体比の利用によって可能となる（図 2.5）．

もちろん実際には多くの前提・仮定がこのような計算には必要となる．まず重要な $\Delta \delta^{18}O$（または $\Delta \delta^{15}N$）の算出には，硝酸イオンの混合線（図 2.5 の直線）を引くための情報，すなわち大気硝酸イオン，そして土壌硝化硝酸イオンの $\Delta^{17}O$ と $\delta^{18}O$（または $\delta^{15}N$）の値（エンドメンバー）が必須であり，エンドメンバーをどのようにより良く推定（測定）するかが大きな問題となる．大気硝酸イオンの $\Delta^{17}O$ と $\delta^{18}O$ には，硝酸イオンの生成プロセスの違いなどにより季節性が認められる（Michalski et al., 2003）．そのため，大気硝酸イオンの同位体エンドメンバー取得については高時間分解能での測定結果を荷重平均する（Tsunogai et al., 2010, 2011, 2016）ことがベストエフォートと考えられる．今回のような同位体比の利用であれば平均的な値が必要であるため，たとえば降水中の硝酸イオンをイオン交換樹脂に吸着させ，長期間にわたる平均的な硝酸イオンの同位体比を測定する手法が有効であろう（Templer & Weathers, 2011）．一方，土壌硝化硝酸イオンのとる同位体比エンドメンバーの推定については未だ困難である．$\Delta^{17}O=0‰$ である（土壌や地下水中などの）硝酸イオンの $\delta^{15}N$ と $\delta^{18}O$ の値を現場で観測し，土壌硝酸イオンのエンドメンバーとするのが妥当と思われる．しかし $\Delta^{17}O=0‰$ であっても，脱窒や同化を受けて $\delta^{15}N$ と $\delta^{18}O$ がすでに上昇してしまっている可能性は否定できない．また，土壌硝化硝酸イオンの $\delta^{18}O$ は，水の $\delta^{18}O$ と酸素ガスの $\delta^{18}O$ で決定されるため予測可能と考えられていた．しかし実際には実測値が予測値よりも低い場合が

多く，土壌を実際に培養してみると，かなり低い $\delta^{18}O$ を土壌硝化硝酸イオンがもつことが明らかとなった（Fang *et al.*, 2012）．これまで報告されている論文を注意深く見ると，水の $\delta^{18}O$ と比較してもかなり低い $\delta^{18}O$ をもつ土壌中，渓流水中の硝酸イオンが報告されている（−24.8‰: Michalski *et al.*, 2004; −15.7‰: Tobari *et al.*, 2010; ca−20‰: Yu *et al.*, 2016）．これは，水または酸素ガスから酸素原子が硝酸イオンへと使われる際の同位体分別を示唆するものであるが，この同位体分別については硝化細菌・古細菌の培養が困難で，ほとんどわかっていない（硝酸イオンのとる $\delta^{18}O$ の決定要因については，水の $\delta^{18}O$ が0‰で安定しているという土壌と異なる点に留意した上で以下の海洋環境を対象とした論文を参照されたい：Buchwald & Casciotti, 2010; Casciotti *et al.*, 2010; Buchwald *et al.*, 2012）．また一般には，かなり低い $\delta^{15}N$ を土壌硝酸イオンはとると報告されている（たとえば Koba *et al.*, 1998; von Sperber *et al.*, 2017）．しかし，土壌硝化硝酸イオンの $\delta^{15}N$ には，そもそもの土壌の $\delta^{15}N$，無機化による同位体分別，硝化による複雑な同位体分別，とさまざまな要因が関連している（図2.2）．そのため，土壌硝化硝酸イオンがとる $\delta^{15}N$ を予測することは容易ではなく，現状ではできるだけ多くの土壌，土壌水試料について測定し，最も低い $\delta^{15}N$，$\delta^{18}O$ そして $\Delta^{17}O$ をとるような硝酸イオンをエンドメンバーとして利用する，ということを行っている．

D. 集水域脱窒速度の推定

試みに Fang *et al.*（2015）の考えに沿って，さらに硝酸イオンについての計算を進めてみる．いま，硝酸イオンについて，ある集水域について定常状態が成り立っている，つまり硝酸イオンのインプットがアウトプットと釣り合っていると仮定した場合，F_U を硝酸イオン吸収速度，F_D を硝酸イオン脱窒速度，そして硝酸イオン流出速度を F_L とすると

$$F_A + F_N = F_U + F_D + F_L \tag{2.20}$$

が成り立つことになる．

ここで集水域の硝酸イオンについて図2.6のような定常状態にある系を考え，同位体マスバランス計算（Box 2.3を参照）を用いてみる．集水域の土壌中または地下水中に硝酸イオンプールがあり，その同位体比が $\delta_{soilNO_3^-}$ である

第 2 章　大気窒素沈着による森林生態系の窒素飽和現象

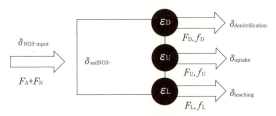

図 2.6　硝酸イオンに関する安定同位体定常状態モデル（Fang *et al.*, 2015）

とする．この硝酸イオンプールに関与する同位体インフラックスとして大気沈着（F_A）と総硝化（F_N），同位体エフラックスとして流出（F_L），植物や微生物による吸収（F_U）そして脱窒（F_D）があり，それぞれの同位体分別をもってフラックスが生じている（ε_L, ε_U, ε_D）．ただし，流出する際に同位体分別が生じるとは考えにくいので，ε_L は 0‰ と考える．Box 2.3 で紹介した定常状態での考察と同様，吸収と脱窒を受ける土壌硝酸イオンプールは，その同位体比がインフラックスと比較して，ε_L, ε_U によって上昇した状態である．イメージとしては，土壌中の硝化が活発に生じる表層で生成された硝酸イオンと大気沈着硝酸イオンが混合し，より深層の，脱窒が卓越する環境（嫌気的土壌や地下水）に存在するであろう硝酸プールが，本計算における土壌硝酸イオンプールである．ここで流出，吸収，脱窒の相対的な割合を f_L, f_U, f_D とおいて整理すると，

$$\frac{F_D + F_U + F_L}{F_A + F_N} = f_D + f_U + f_L = 1 \quad (2.21)$$

そして，硝酸イオンプールから出ていくフラックスについてはその同位体フラックス（isoflux）は $\delta_{soilNO_3^-}$ とそれぞれの同位体分別で表現されることから，isoflux についてまとめると，

$$\delta_{NO_3^- input} = f_D \times (\delta_{soilNO_3^-} - \varepsilon_D) + f_U \times (\delta_{soilNO_3^-} - \varepsilon_U) + f_L \times (\delta_{soilNO_3^-}) \quad (2.22)$$

となる．式(2.21)を用いて式(2.22)を F_D について整理すると

$$F_D = \frac{(F_A + F_N) \times (\delta_{soilNO_3^-} - \delta_{NO_3^- input} - \varepsilon_U) + F_L \times \varepsilon_U}{\varepsilon_D - \varepsilon_U} \quad (2.23)$$

と変形できる．式(2.23)において，F_A と F_L は物質循環の観測が整備された

実験林・演習林であれば測定が可能である．F_N は先に述べた $\Delta^{17}O$ を用いた手法で推定が可能となった．$\delta_{soilNO_3^-}$ という同位体比をもつ，吸収と脱窒の影響を受けた状態で定常状態にある硝酸イオンプールについては，そのもの自体を採取し，その同位体比を実測することは極めて難しいと思われる．しかし，流出の際の同位体分別（ε_L）が 0‰ であるため，$\delta_{soilNO_3^-}$ は渓流水硝酸イオンの同位体比（$\delta_{leaching}$）と等しいことになる．つまり定常状態という強力な前提によって，この $\delta_{soilNO_3^-}$ を $\delta_{leaching}$ として実測することが可能となる．一方，硝酸イオンのインフラックスがもつ同位体比（$\delta_{NO_3^- input}$）については予測が難しく，ここでは土壌表層の降水硝酸イオンと土壌硝化イオンが混ざった硝酸イオンプールについての同位体比測定値をこの $\delta_{NO_3^- input}$ と見なすこととする．後述するようにどの同位体比データを用いるかという判断は難しいが，実際には表層土壌から，たとえば 100 cm 深までの土壌中に含まれる硝酸イオンの量による加重平均値を用いる．

ここでも問題となるのはやはり同位体分別係数である．^{15}N の同位体分別については古くから多くの研究例があるにもかかわらず，残念ながらまだその制御機構についてはほとんどわかっていないのが現状である．陸上植物や微生物による硝酸同化についての同位体分別係数の報告例はあまり多くなく，あっても高濃度の硝酸イオン環境での同位体分別係数の計測，そして ^{18}O ではなく ^{15}N についての報告がほとんどであり，低濃度硝酸イオン環境の森林に生育する植物や微生物を考える際に適当な報告例はほとんどないのが現状である．植物の硝酸イオン吸収における ^{15}N についての同位体分別は低濃度硝酸イオン環境ではあまり大きくないのかもしれない（Mariotti *et al.*, 1982b）．Denk *et al.* (2017) では，これまでの同位体分別の報告例をまとめ，植物と微生物の硝酸イオン吸収における窒素同位体分別係数（$^{15}\varepsilon_U$）について平均 5.9‰ という値を提案している．同様に Denk *et al.* (2017) では，脱窒における ^{15}N の同位体分別（$^{15}\varepsilon_D$）について細かく報告しており，硝酸イオンから亜硝酸イオンへと還元されるステップについて土壌培養実験を用いて報告している値の平均値が 31.3‰，水試料培養実験の平均値が 14.3‰，硝酸イオンから N_2O への還元では平均値 42.9‰ と報告している．ここでは Fang *et al.* (2015) で採用した $^{15}\varepsilon_U$ = 2.0‰，$^{15}\varepsilon_D$ = 16‰ という値を用いて話を進める．たとえばある窒素飽和林

と考えられている森林で土壌硝酸イオンの平均 $\delta^{15}N$ が $-3.7‰$, 渓流水硝酸イオンは 1.3‰, F_A が 13 kgN ha^{-1} y^{-1}, F_N が 116 kgN ha^{-1} y^{-1}, F_L が 18 kgN ha^{-1} y^{-1} とすると, 上述した式 (2.23) を用いて,

$$\begin{aligned}F_D &= \frac{(F_A+F_N)\times(\delta_{soilNO_3^-}-\delta_{NO_3^-input}\text{-}\varepsilon_U)+F_L\times\varepsilon_U}{\varepsilon_D-\varepsilon_U}\\ &= \frac{(13+116)\times\{(1.3-(-3.7)-(2.0)\}+18\times 2}{16-2.0}\\ &= 30.2 \text{ kgN ha}^{-1}\text{ y}^{-1}\end{aligned} \quad (2.24)$$

というように F_D が算出可能となる．この値は集水域全体の脱窒速度を「まるごと」扱うという点で大変優れた特徴があると考えられる．硝化の場合も同様であるが（木庭, 2013a）, 特に脱窒については空間的異質性が高いことが古くからよく知られており（Robertson *et al.*, 1988；Bellingrath-Kimura *et al.*, 2015）, 集水域という複雑な土壌環境全体についての脱窒速度を見積もることができるこの手法は極めて重要なものになる可能性がある．

　欠点としてはここまで見てきた通り，多くの仮定を必要とするという点が挙げられよう．硝酸イオンについての定常状態，インフラックス・エフラックスの測定と推定，そして多くの計算が，同位体分別係数というその変動要因が未だ明確になっていないパラメータに依存しているという点は大きな問題である．脱窒 F_D の計算においては $^{15}\varepsilon_D$ がもちろん鍵となる．実際の生態系における脱窒では，培養実験で発揮される同位体分別よりもずっと小さな同位体分別が観測されることが考えられる（Bai & Houlton, 2009）．そこでこの値を 16‰ からもっと小さくする（たとえば 5‰；Koba *et al.*, 1997）と，F_D は大きな値と推定されてしまう．同様に $\delta_{NO_3^-input}$ の値を，たとえば土壌表層の比較的観測しやすい土壌のみで測定してしまうと，深層と比較して土壌の $\delta^{15}N$, そしてアンモニウムイオンの $\delta^{15}N$ が低いため，生成される土壌硝化硝酸イオンの $\delta^{15}N$ も一般に低い値になる（たとえば Koba *et al.*, 1998, 2010b）．つまりこれも脱窒（F_D）を高く見積もる要因となる．今回紹介した例では 100 cm までの硝酸イオンの同位体比を $\delta_{NO_3^-input}$ としており，100 cm までの土壌を考える場合，そこでは植物による硝酸イオンの吸収があるはずで，その影響をすでにこの $\delta_{NO_3^-input}$ が含んでしまっている可能性がある．しかし，Fang *et al.* (2015) にお

いては，土壌中の硝酸イオンの $\delta^{15}N$ と $\delta^{18}O$ において，図2.3の点線矢印のような上昇が見られず，明確な吸収ならびに脱窒の兆候が認められなかった．そのこともあり，脱窒速度の過大評価を避け，できるだけ控えめな計算を行うために，100 cm までの比較的高い同位体比のデータを使っている．このような不確実性を少しでも減らすためには，同位体分別の実測とより詳細な制御要因の解明および関数化による，より妥当な同位体分別係数の利用，深層地下水のような実際の脱窒環境での硝酸イオンの実測，そして窒素吸収 F_U の実測が必要であろう．植物による F_U については，植物と土壌の間における窒素に関する定常状態を仮定すれば，リターフォールによる窒素の供給速度の実測により植物の窒素吸収速度についてある程度の示唆を与えてくれる．しかし，それは硝酸イオンだけでなく，アンモニウムイオン，さらに溶存有機態窒素の吸収を含めた窒素吸収速度である．ここではどれだけの割合が硝酸イオンの吸収なのかという問題，つまり植物の $\delta^{15}N$ 決定要因で議論になった，植物がもつ異なる窒素形態の吸収選択性がまたもや問題となる．たとえば国内で広く植樹されているヒノキやスギについては，アンモニウムイオン，硝酸イオンに加えてアミノ酸（グリシン）も利用できることが ^{15}N トレーサー実験で明らかになっている（Inagaki & Kohzu, 2005）．微生物による F_U については，短期的な ^{15}N トレーサー実験は硝酸イオンの吸収速度を与えてくれる（Kuroiwa et al., 2010; Tokuchi et al., 2014）．しかし，土壌コアの1日培養で求めるような微生物による硝酸イオン吸収速度を，時間的そして面積的に外挿して良いかという大きな問題がある．

Box 2.3　定常状態同位体マスバランス計算

本章で用いた硝酸イオンについての同位体定常モデル計算の理解を助けるために，1つのプールに対して複数のフラックスがある系においてどのように同位体比を用いた計算が成り立つのか，Fry (2006) を解説しながら説明する（Fry, 2006, p. 242）．

図A上のように，1のプール（P_1）に F_{in} というインフラックスがあり，F_{out} というエフラックスで2という物質が生成され，そのプール（P_2）へ入っていくという系を考える．定常状態では，その定義上

第2章　大気窒素沈着による森林生態系の窒素飽和現象

$$F_{in} = F_{out} \tag{1}$$

となる．同様にここで同位体について考えると，同位体比についてもインフラックスとエフラックスは釣り合っている必要があり（これを isoflux が釣り合っている，と呼ぶ．図A下），

$$\delta_{in} = \delta_{P2} \tag{2}$$

となる．しかしここでプール1から product が生成されて出ていく際に，ε という同位体分別があるとすると

$$\delta_{P1} = \delta_{P2} + \varepsilon = \delta_{in} + \varepsilon \tag{3}$$

と書ける．イメージとしては，δ_{P2} は同位体分別 ε の分だけ常に δ_{P1} からずれており，しかし定常状態であるから δ_{P2} と δ_{in} は常に等しくなり，全体の中で δ_{P1} だけが ε だけ上昇して釣り合っているという感じである．

さて，次に1つのプールPから product1 と product2 という物質が，ε_1，ε_2 という同位体分別を伴いながら放出される定常状態を考えてみる（図B）．先ほどと同様に isoflux がインフラックスとエフラックスで等しいことから，product1 の生成割合を f，product2 の生成割合を $1-f$ として表すと

$$\delta_{in} = f(\delta_P - \varepsilon_1) + (1-f)(\delta_P - \varepsilon_2) = \delta_P - f(\varepsilon_1 - \varepsilon_2) - \varepsilon_2 \tag{4}$$

$$\therefore \delta_P = \delta_{in} + f(\varepsilon_1 - \varepsilon_2) + \varepsilon_2 \tag{5}$$

となる．ここから

$$\delta_{product1} = \delta_P - \varepsilon_1 = \delta_{in} + f(\varepsilon_1 - \varepsilon_2) + \varepsilon_2 - \varepsilon_1 = \delta_{in} + (f-1)(\varepsilon_1 - \varepsilon_2) \tag{6}$$

$$\delta_{product2} = \delta_P - \varepsilon_2 = \delta_{in} + f(\varepsilon_1 - \varepsilon_2) + \varepsilon_2 - \varepsilon_2 = \delta_{in} + f(\varepsilon_1 - \varepsilon_2) \tag{7}$$

というようにそれぞれの同位体比を表現することが可能となる．

ここで大事なことは，定常状態においてはプールから放出される物質（prod-

図A　定常状態におけるプールとフラックスについての関係（上）と，同位体情報を含めた isoflux についての関係（下）

2.2 酸素同位体の利用

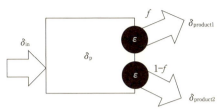

図B　1つのプールから異なる同位体分別をもって2つのエフラックスがあるような定常状態におけるisofluxについての関係

uct1とproduct2)の同位体比が同位体分別とプールの同位体比,または同位体インフラックスとの関係で表現されるということである.これを用いることで観測することが難しい2つのエフラックスの相対的な重要性（f）についての情報を得ることができる.

E. 集水域レベルでの $\delta^{15}N$ 収支に基づいた解析例

硝酸イオンではなく,より滞留時間が長く,定常状態を仮定しやすいバルク土壌窒素の $\delta^{15}N$ について考察してみる.実際,土壌窒素の $\delta^{15}N$ から脱窒速度を見積もる方法が提案されている（Houlton et al., 2006; Houlton & Bai, 2009）.硝酸イオンの時と同様に,定常状態窒素同位体マスバランスモデルを図2.7のように考えると（Koba et al., 2012）

$$f_{gas} = \frac{\delta_{soil} - \delta_{in} - \varepsilon_L}{\varepsilon_G - \varepsilon_L} \quad (2.25)$$

が成立する（論文によって同位体分別の値の正負が異なっているので注意されたい）.ここで δ_{soil} は土壌窒素プールの同位体比,δ_{in} は降水や窒素固定といった窒素インフラックスの同位体比,ε_L と ε_G はそれぞれ流出およびガス態窒素損失における同位体分別,f_{gas} は総窒素損失（流出＋ガス態窒素損失）におけるガス態窒素損失の割合を表している.式(2.25)では窒素プールとして土壌だけを考えている.植物プールを図2.7のように土壌プールと連結している状態で考えた場合,系が定常状態であるため,植物プールへのインフラックスとエフラックスは釣り合っていなければならない,つまり同じisofluxでなければならない.このことは,土壌プールと植物プールの間のisofluxは常に一定であること,すなわちこの2つのisofluxによって土壌窒素プールの同位体

第 2 章　大気窒素沈着による森林生態系の窒素飽和現象

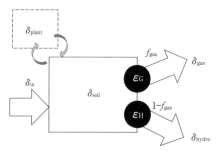

図 2.7　バルク土壌の δ^{15}N に関する安定同位体定常状態モデル（Houlton & Bai, 2009）

比（δ_{soil}）は変化しないことを意味している．そのため，式(2.25)には植物窒素プールの同位体比（δ_{plant}）が入ってこない．ただし δ_{soil} と δ_{plant} は等しい必要がないことには留意されたい．

　硝酸イオンの時と同様に，同位体分別の選択がここでも鍵となる．ε_L はこの場合，渓流水に含まれる窒素全体についての同位体分別であるが，TDN についても近年 δ^{15}N 測定が行われるようになってきており，集水域土壌の δ^{15}N の代表値（たとえば 0〜50 cm 深度までのバルク土壌窒素の加重平均値）と集水域から流出する硝酸イオンまたは TDN の δ^{15}N の間には密接な関係があり，その差は小さいことが報告されている（Houlton & Bai, 2009; Koba *et al.*, 2012; Mnich & Houlton, 2016）．Houlton & Bai (2009) では ε_L と ε_G をそれぞれ 1‰ と 16‰ として計算を行っている．また，δ_{in} についても硝酸イオンの場合と異なり，総窒素で考える必要がある．森林への窒素インプットすべての δ^{15}N を測定できた例はいままでなく，乾性，湿性沈着と窒素固定の混合として，全体としてどのような δ^{15}N をもつ窒素が集水域に入ってきているか，その良い推定は現在の技術および報告されているデータでは難しい．Houlton and Bai (2009) では $\delta_{in}=1‰$ という値を用いている．

　とある窒素飽和状態にあると考えられる森林を例に計算してみよう（Koba *et al.*, 2012）．ここでは bulk precipitation の TDN について δ^{15}N を測定しており，$\delta_{in}=-0.7‰$ であった．さらに，0〜50 cm 深度までの土壌について測定したところ $\delta_{soil}=3.9‰$ であった．加えて，流出する渓流水についても TDN の δ^{15}N を測定しており，1.2‰ であったため，ε_L を $3.9-1.2=2.7$（‰）と定めることにする．ε_G は 18.2‰（これは放出される一酸化二窒素ガスの δ^{15}N 値から

求めたもの）とすれば，前述の式(2.25) より

$$f_{\text{gas}} = \frac{\delta_{\text{soil}} - \delta_{\text{in}} - \varepsilon_{\text{L}}}{\varepsilon_{\text{G}} - \varepsilon_{\text{L}}}$$

$$f_{\text{gas}} = \frac{3.9 - (-0.7) - 2.7}{18.2 - 2.7} = \frac{1.9}{15.5} \approx 0.12 \quad (2.26)$$

となり，ガス態損失が 12%，渓流水として流亡する窒素が 88% と推定できる．そしてこの集水域から TDN として流出する窒素は 43 kgN ha^{-1} y^{-1} と実測されたため，ガス態損失速度は 5.7 kgN ha^{-1} y^{-1} と推定される．

ここでももちろん問題となるのが同位体分別の推定値への影響であり，Koba et al. (2012) では感度分析を行い，同位体分別の大きさがある程度の範囲を超えると，実測された窒素流出速度などのフラックスから推定値が逸脱してしまうことを示している．また，TDN として降水窒素インプットを測定する必要があるため，硝酸イオンだけに特化した手法と比較すると測定が難しい．特に降水により供給されるアンモニウムイオンの δ^{15}N については実測例自体が乏しく (Garten, 1992; Zhang et al., 2008)，どのような値をとるかの予測が容易ではない．さらに降水中の TDN について δ^{15}N を測定した例は，その測定手法 (Knapp et al., 2005; Tsunogai et al., 2008) が確立してから日が浅いためにまだ数えるほどしかない (Knapp et al., 2010; Koba et al., 2012; Mnich & Houlton, 2016)．しかし，この手法は硝酸イオンの場合と比較して測定が容易なパラメータが多く，この手法，さらにフラックス数を増加させたような改良手法を用いた報告がいくつかなされている (Bai & Houlton, 2009; Morford et al., 2011; Bai et al., 2011; Koba et al., 2012; Vitousek et al., 2013; Wang et al., 2014; Houlton et al., 2015; Mnich & Houlton, 2016; Fang et al., 2015; Wang et al., 2017)．

おわりに

ここまで紹介したように，同位体分析と定常状態モデルの組み合わせにより，森林集水域における窒素の動きが推定できる可能性がある．渓流水と降水の硝酸イオン同位体比測定からフラックスの情報（総硝化速度）が推定可能となる

第 2 章　大気窒素沈着による森林生態系の窒素飽和現象

という事実は，フラックスを測定することが極めて困難な窒素循環研究において強力なツールとして同位体比が利用できることを示唆するものである．一方で繰り返し述べているように，同位体分別というパラメータが計算結果に大きく影響していること，そして定常状態など多くの前提・仮定が必要であることから，この同位体比の利用が全く万能ではないことが理解できると思う．海洋では現場窒素循環フラックスの定量的な理解に向けて，トレーサー実験，微生物群集構造と微生物機能，そして濃度と安定同位体という異なる手法から得られる情報を融合するような研究が始まっている（Peters *et al.*, 2016; Babbin *et al.*, 2017）．窒素飽和という 80 年代後半から考え続けられている現象に対してより深く理解することは陸域生態系の窒素循環の深い理解につながるが，まだ道半ばであり，同位体の利用という切り口から新たな知見，そして疑問が発見され，理解の深化につながることが期待される．

引用文献

Aber, J., McDowell, W. *et al.* (1998) Nitrogen saturation in temperate forest ecosystems-Hypotheses revisited. *BioScience*, 48, 921–934.

Aber, J. D., Nadelhoffer, K. J. *et al.* (1989) Nitrogen saturation in northern forest ecosystems. *BioScience*, 39, 378–386.

Aber, J. D., Ollinger, S. V. *et al.* (1997) Modeling nitrogen saturation in forest ecosystems in response to land use and atmospheric deposition. *Ecol Modell*, 101, 61–78.

Ågren, G. I., Bosatta, E. (1988) Nitrogen saturation of terrestrial ecosystems. *Environ Pollut*, 54, 185–197.

Amberger, A., Schmidt, H. L. (1987) Natürliche Isotopengehalte von Nitrat als Indikatoren für dessen Herkunft. *Geochim Cosmochim Acta*, 51, 2699–2705.

Amundson, A., Austin, A. T. *et al.* (2003) Global pattenrs of the isotopic composition of soil and plant nitrogen. *Global Biogeochem Cycles*, 17, 1031.

Andersson, K. K., Hooper, A. B. (1983) O_2 and H_2O are each the source of one O in NO_2^- produced from NH_3 by *Nitrosomonas*: ^{15}N-NMR evidence. *FEBS lett*, 164, 236–240.

Austin, A. T., Vitousek, P. M. (1998) Nutrient dynamics on a rainfall gradient in Hawai'i. *Oecologia*, 113, 519–529.

Babbin, A. R., Peters, B. D. *et al.* (2017). Multiple metabolisms constrain the anaerobic nitrite budget in the Eastern Tropical South Pacific. *Global Biogeochem Cycles*, 31, 258–271.

Bai, E., Houlton, B. Z. (2009) Coupled isotopic and process-based modeling of gaseous nitrogen losses from tropical rain forests. *Global Biogeochem Cycles*, 23, GB2011.

引用文献

Bai, E., Houlton, B. Z., Wang, Y. D. (2011) Isotopic identification of nitrogen hotspots across natural terrestrial ecosystems. *Biogeosciences*, **9**, 3287-3304.

Barnes, R. T., Raymond, P. A. *et al.* (2008) Dual isotope analyses indicate efficient processing of atmospheric nitrate by forested watersheds in the northeastern U.S. *Biogeochemistry*, **90**, 15-27.

Bell, M. D., Sickman, J. O. (2014) Correcting for background nitrate contamination in KCL-extracted samples during isotopic analysis of oxygen and nitrogen by the denitrifier method. *Rapid Commun Mass Spectrom*, **28**, 520-526.

Bellingrath-Kimura, S. D., Kishimoto-Mo, A. W. *et al.* (2015) Differences in the spatial variability among CO_2, CH_4, and N_2O gas fluxes from an urban forest soil in Japan. *Ambio*, **44**, 55-66.

Böttcher, J., Strebel, O. *et al.* (1990) Using isotope fractionation of nitrate nitrogen and nitrate oxygen for evaluation of microbial denitrification in a sandy aquifer. *J Hydrol*, **114**, 413-424.

Bremner, J. M. Keeney, D. R. (1966) Determination and isotope-ratio analysis of different forms of nitrogen in soils: 3. Exchangeable ammonium, nitrate and nitrite by extraction-distillation methods. *Soil Sci Soc Am Proc*, **30**, 577-582.

Brian, B. A., Shearer, G., *et al.* (1983) Variable expression of the nitrogen isotope effect associated with denitnification of nitrite. *J Biol Chem*, **258**, 8613-8173.

Buchwald, C., Casciotti, K. L. (2010) Oxygen isotopic fractionation and exchange during bacterial nitrite oxidation. *Limnol Oceanogr*, **55**, 1064-1074.

Buchwald, C., Santoro, A. E. *et al.* (2012) Oxygen isotopic composition of nitrate and nitrite produced by nitrifying cocultures and natural marine assemblages. *Limnol Oceanogr*, **57**, 1361-1375.

Buchmann, N., Gebauer, G. *et al.* (1996) Partitioning of ^{15}N-labeled ammonium and nitrate among soil, litter, below-and above-ground biomass of trees and understory in a 15-year-old Picea abies plantation. *Biogeochemistry*, **33**, 1-23.

Casciotti, K. L., Sigman, D. M. *et al.* (2002) Measurement of the oxygen isotopic composition of nitrate in seawater and freshwater using the denitrifier method. *Anal Chem*, **74**, 4905-4912.

Casciotti, K. L., McIlvin, M. *et al.* (2010) Oxygen isotopic exchange and fractionation during bacterial ammonia oxidation. *Limnol Oceanogr*, **55**, 753-762.

Craine, J. M., Elmore, A. J. *et al.* (2009) Global patterns of foliar nitrogen isotopes and their relationships. *New Phytol*, **183**, 980-992.

Craine, J. M., Brookshire, E. N. J. *et al.* (2015) Ecological interpretations of nitrogen isotope ratios of terrestrial plants and soils. *Plant Soil*, **396**, 1-26.

Currie, W. S., Nadelhoffer, K. J. *et al.* (1999) Soil detrital processes controlling the movement of ^{15}N tracers to forest vegetation. *Ecol Appl*, **9**, 87-102.

Davidson, E. A., Hart, S. C. *et al.* (1991) Measuring gross nitrogen mineralization, immobilization, and nitrification by ^{15}N isotopic pool dilution in intact soil cores. *Soil Sci*, **42**, 335-349.

Davidson, E. A., Hart, S. C. *et al.* (1992) Internal cycling of nitrate in soils of a mature coniferous forest. *Ecology*, **73**, 1148-1156.

Denk, T. R. A., Mohn, J. *et al.* (2017) The nitrogen cycle: A review of isotope effects and isotope modeling approaches. *Soil Biol Biochem*, **105**, 121-137.

第2章　大気窒素沈着による森林生態系の窒素飽和現象

土居秀幸・兵藤不二夫・石川尚人（2016）安定同位体を用いた餌資源・食物網調査法，pp. 164, 共立出版.

Durka, W., Schulze, E.-D. *et al.* (1994) Effects of forest decline on uptake and leaching of deposited nitrate determined from ^{15}N and ^{18}O measurements. *Nature*, **372**, 765-767.

Fang, Y., Koba, K. *et al.* (2015) Microbial denitrification dominates nitrate losses from forest ecosystems. *Proc Nati Acad Sci USA*, **112**, 1470-1474.

Fang, Y., Koba, K. *et al.* (2012) Low $δ^{18}$O values of nitrate produced from nitrification in temperate forest soils. *Environ Sci Technol*, **46**, 8723-8730.

Frank, D. A., Groffman, P. M. (2009) Plant rhizospheric N processes: What we don't know and why we should care. *Ecology*, **90**, 1512-1519.

Fry, B. (2006) *Stable Isotope Ecology*. pp. 242-253. Springer.

Garten, C. T. (1992) Nitrogen isotope composition of ammonium and nitrate in bulk precipitation and forest throughfall. *Int J Environ Anal Chem*, **47**, 33-45.

Garten, C. T. (1993) Variation in foliar ^{15}N abundance and the availability of soil nitrogen on Walker Branch watershed. *Ecology*, **74**, 2098-2113.

Garten, C. T., Van Miegroet, H. (1994) Relationships between soil nitrogen dynamics and natural ^{15}N abundance in plant foliage from great Smoky Mountains National Park. *Can J For Res*, **24**, 1636-1645.

Groffman, P. M., Altabet, M. A. *et al.* (2006) Methods for measuring denitrification: diverse approaches to a difficult problem. *Ecol Appl*, **16**, 2091-2122.

Granger, J., Sigman, D. M. *et al.* (2008) Nitrogen and oxygen isotope fractionation during dissimilatory nitrate reduction by denitrifying bacteria. *Limnol Oceanogr*, **53**, 2533-2545.

Handley, L. L., Austin, A. T. *et al.* (1999) The ^{15}N natural abundance ($δ^{15}$N) of ecosystem samples reflects measures of water availability. *Aust J Plant Physiol*, **26**, 185-199.

Handley, L. L., Scrimgeour, C. M. (1997) Terrestrial plant ecology and ^{15}N natural abundances: The present limits to interpretation for uncultivated systems with original data from a Scottish old field. *Adv Ecol res*, **27**, 134-212.

Haney, R. L., Franzluebbers, A. J. *et al.* (2001) Molar concentration of K_2SO_4 and soil pH affect estimation of extractable C with chloroform fumigation-extraction. *Soil Biol Biochem*, **33**, 1501-1507.

Hauck, R. D., Bartholomew, W. V. *et al.* (1972) Use of variations in natural nitrogen isotope abundance for environmental studies: A questionable approach. *Science*, **177**, 453-456.

Hirobe, M., Tokuchi, N. *et al.* (1998) Spatial variability of soil nitrogen transformation patterns along a forest slope in a *Cyrptomeria japonica* D. Don plantation. *E J Soil Biol*, **34**, 123-131.

Hirobe, M., Koba, K., Tokuchi, N. (2003) Dynamics of the internal soil nitrogen cycles under moder and mull forest floor types on a slope in a *Cryptomeria japonica* D. Don plantation Ecological Research, **18**, 53-64.

Houlton, B. Z., Bai, E. (2009) Imprint of denitrifying bacteria on the global terrestrial biosphere. *Proc Nati Acad Sci USA*, **106**, 21713-21716.

Houlton, B. Z., Marklein, A. R. *et al.* (2015) Representation of nitrogen in climate change forecasts.

引用文献

Nat Clim Chang, 5, 398–401.
Houlton, B. Z., Sigman, D. M. *et al.* (2006) Isotopic evidence for large gaseous nitrogen losses from tropical rainforests. *Proc Nati Acad Sci,* 103, 8745–8750.
Inagaki, Y., Kohzu, A. (2005) Microbial immobilization and plant uptake of different N formas in three forest types in Shikoku district, Southern Japan. *Soil Science and Plant Nutrition,* 51, 667–670.
Jenkinson, D. S., Fox, R. H. *et al.* (1985) Interactions between fertilizer nitrogen and soil nitrogen-the so-called 'priming' effect. *Journal of Soil Science,* 36, 425–444.
Knapp, A. N. Sigman, D. M. *et al.* (2005) N isotopic composition of dissolved organic nitrogen and nitrate at the Bermuda Atlantic Time-series Study Site. *Global Biogeochem Cycles,* 19, GB1018.
Knapp, A. N, Hastings, M. G. *et al.* (2010) The flux and isotopic composition of reduced and total nitrogen in Bermuda rain. *Mar Chem,* 120, 83–89.
Kaiser, J., Hastings, M. G. *et al.* (2007) Triple oxygen isotope analysis of nitrate using the denitrifier method and thermal decomposition of N_2O. *Anal Chem,* 79, 599–607.
Kendall, C., Elliott, E. M. *et al.* (2007) Tracing anthropogenic inputs of nitrogen to ecosystems. In: *Stable Isotopes in Ecology and Environmental Science, 2nd Edition* (eds. Michener, M., Lajtha, K.) pp. 375–449, Wiley-Blackwell.
Kohl, D. H., Shearer, G. B. *et al.* (1972) Fertilizer nitrogen: Contribution to nitrate in surface water in a Corn Belt Watershed. *Science,* 174, 1331–1334.
Koba, K., Fang, Y. *et al.* (2012) The ^{15}N natural abundance of the N lost from an N-saturated subtropical forest in southern China. *J Geophys Res Biogeosci,* 117, 1–13.
Koba, K., Hirobe, M. *et al.* (2003) Natural ^{15}N abundance of plants and soil N in a temperate coniferous forest. *Ecosystems,* 6, 457–469.
Koba, K., Inagaki, K. *et al.* (2010a) Nitrogen isotopic analysis of dissolved inorganic and organic nitrogen in soil extracts. In: *Earth, Life and Isotopes* (eds. Ohkouchi, N. *et al.*), pp. 17–36, Kyoto University Press.
Koba, K., Isobe, K. *et al.* (2010b) $\delta^{15}N$ of soil N and plants in a N-saturated, subtropical forest of southern China. *Rapid Commun Mass Spectrom,* 24, 2499–2506.
Koba, K., Osaka, K. *et al.* (2009) Biogeochemistry of nitrous oxide in groundwater in a forested ecosystem elucidated by nitrous oxide isotopomer measurements. *Geochim Cosmochim Acta,* 73, 3115–3133.
Koba, K., Tokuchi, N. *et al.* (1997) Intermittent denitrification: The application of a ^{15}N natural abundance method to a forested ecosystem. *Geochim Cosmochim Acta,* 61, 5043–5050.
Koba, K., Tokuchi, N. *et al.* (1998) Natural abundance of nitrogen-15 in a forest soil. *Soil Sci Soc Am J,* 62, 778–781.
木庭啓介・楊 宗興（2011）同位体解析から見た窒素循環と微生物．化学と生物，49，711–717．
木庭啓介（2013a）広域評価を目指した室内実験および圃場観測：硝化を例とした実験室とモニタリングのつながりについての小考察．土壌の物理性，122，35–39．
木庭啓介（2013b）森林出口同位体調査：渓流水に含まれる窒素化合物の同位体比測定から何が分かるか？　水環境学会誌，36，218–224．

第 2 章 大気窒素沈着による森林生態系の窒素飽和現象

木庭啓介（2017）微量溶存窒素化合物の同位体比測定について：最新の測定技術とその応用．*Radioisotopes*, **66**, 343-354.

Kohzu, A., Tateishi, T. *et al.* (2000) Nitrogen isotope fractionation during nitrogen transport from ectomycorrhizal fungi, *Suillus granulatus*, to the host plant, *Pinus densiflora*. Soil Science and Plant Nutrition, **46**, 733-739.

Kohzu, A., Matsui, K. *et al.* (2003) Significance of rooting depth in mire plants: Evidence from natural ^{15}N abundance. *Ecological Research*, **18**, 257-266.

Komatsu, D. D., Ishimura, T. *et al.* (2008) Determination of the ^{15}N/^{14}N, ^{17}O/^{16}O, and ^{18}O/^{16}O ratios of nitrous oxide by using continuous-flow isotope-ratio mass spectrometry. *Rapid Commun Mass Spectrom*, **22**, 1587-1596.

Kritee, K., Sigman, D. M. *et al.* (2012) Reduced isotope fractionation by denitrification under conditions relevant to the ocean. *Geochim Cosmochim Acta*, **92**, 243-259.

Kroopnick, P., Craig, H. (1972) Atmospheric Oxygen: Isotopic Composition and Solubility Fractionation. *Science*, **175**, 54-55.

Kuroiwa, M., Koba, K. *et al.* (2010) Gross nitrification rates in four Japanese forest soils: Heterotrophic versus autotrophic and the regulation factors for the nitrification. *J For Res*, **16**, 363-373.

Kuzyakov., Y., Friedel, J. K. *et al.* (2000) Review of mechanisms and quantification of priming effects. *Soil Biol Biochem*, **32**, 1485-1498.

Lovett, G. M., Goodale, C. L. (2011) A new conceptual model of nitrogen saturation based on experimental nitrogen addition to an oak forest. *Ecosystems*, **14**, 615-631.

McKenna, J. H., Doering, P. H. (1995) Measurement of dissolved organic carbon by wet chemical oxidation with persulfate: Influence of chloride concentration and reagent volume. *Mar Chem*, **48**, 109-114.

Mariotti, A., Mariotti, F. *et al.* (1982b) Nitrogen isotope fractionation associated with nitrate reductase activity and uptake of NO_3^- by Pearl Millet. *Plant Physiol*, **69**, 880-884.

Mariotti, A., Germon, J. C. *et al.* (1982a) Nitrogen isotope fractionation associated with the NO_2^- →N_2O step of denitrification in soils. *Can J Soil Sci*, **62**, 227-241.

Martin, T. S., Casciotti, K. L. (2016) Nitrogen and oxygen isotopic fractionation during microbial nitrite reduction. *Limnol Oceanogr*, **61**, 1134-1143.

McIlvin, M. R., Altabet, M. A. (2005) Chemical conversion of nitrate and nitrite to nitrous oxide for nitrogen and oxygen isotopic analysis in freshwater and seawater. *Anal Chem*, **77**, 5589-5595.

McLauchlan, K. K., Ferguson, C. J. *et al.* (2010) Thirteen decades of foliar isotopes indicate declining nitrogen availability in central North American grasslands. *New Phytol*, **187**, 1135-1145

Michalski, G., Bhattacharya, S. K. *et al.* (2011) Oxygen isotopes dynamics of atmospheric nitrate and its precursor molecules. In: *Handbook of Environmental Isotope Geochemistry* (*Advances in Isotope Geochemistry*) (ed. Baskaran, M.), pp. 613-635, Springer.

Michalski, G., Meixner, T. *et al.* (2004) Tracing atmospheric nitrate deposition in a complex semiarid ecosystem using $\varDelta^{17}$O. *Environ Sci Technol*, **38**, 2175-2181.

Michalski, G., Scott, Z. *et al.* (2003) First measurements and modeling of $\varDelta^{17}$O in atmospheric nitrate.

引用文献

Geophys Res Lett, **30**, 1870.

Michalski, G., Thiemens, M. (2006) The use of multi-isotope ratio measurements as a new and unique technique to resolve NOx transformation, transport and nitrate deposition in the Lake Tahoe Basin. In: the California Air Resources Board and the California Environmental Protection Agency. No. 03-317.

Mnich, M. E., Houlton, B. Z. (2016) Evidence for a uniformly small isotope effect of nitrogen leaching loss: Results from disturbed ecosystems in seasonally dry climates. *Oecologia*, **181**, 323-333.

Morford, S. L., Houlton, B. Z. *et al.* (2011) Increased forest ecosystem carbon and nitrogen storage from nitrogen rich bedrock. *Nature*, **477**, 78-81.

Nadelhoffer, K., Shaver, G. *et al.* (1996) ^{15}N Natural abundances and N use by tundra plants. *Oecologia*, **107**, 386-394.

Nadelhoffer, J., Downs, M. *et al.* (1999a) Control on retention and exports in a forest watershed. *Environ Monit Assess*, **55**, 187-210.

Nadelhoffer, K. J., Emmett, B. A. *et al.* (1999b) Nitrogen deposition makes a minor contribution to carbon sequestration in temperate forests. *Nature*, **398**, 145-148.

Nakagawa, F., Suzuki, A. *et al.* (2013) Tracing atmospheric nitrate in groundwater using triple oxygen isotopes: Evaluation based on bottled drinking water. *Biogeosciences*, **10**, 3547-3558.

Ohte, N., Sebestyen, S. D. *et al.* (2004) Tracing sources of nitrate in snowmelt runoff using a high-resolution isotopic technique. *Geophys Res Lett*, **31**, L21506.

Ohte, N., Tokuchi, N. *et al.* (1997) An in situ lysimeter experiment on soil moisture influence on inorganic nitrogen discharge from forest soil. *J Hydrol*, **195**, 78-98.

Osaka, K., Ohte, N. *et al.* (2010) Hydrological influences on spatiotemporal variations of δ^{15}N and δ^{18}O of nitrate in a forested headwater catchment in central Japan: Denitrification plays a critical role in groundwater. *J Geophys Res Biogeosci*, **115**, G02021.

Pardo, L. H., Templer, P. H. *et al.* (2006) Regional assessment of N saturation using foliar and root δ^{15}N. *Biogeochemistry*, **80**, 143-171.

Perakis, S. S., Compton, J. E. *et al.* (2005) N Additions to an unpolluted temperate forest soil in Chile. *Ecology*, **86**, 96-105.

Peters, B. D., Babbin, A. R. *et al.* (2016) Vertical modeling of the nitrogen cycle in the eastern tropical South Pacific oxygen deficient zone using high-resolution concentration and isotope measurements. *Global Biogeochem Cycles*, **30**, 1661-1681.

Pörtl, K., Zechmeister-Boltenstern, S. *et al.* (2007) Natural ^{15}N abundance of soil N pools and N$_2$O reflect the nitrogen dynamics of forest soils. *Plant Soil*, **295**, 79-94.

Riha, K. M., Michalski, G. *et al.* (2014) High Atmospheric Nitrate Inputs and Nitrogen Turnover in Semi-arid Urban Catchments. *Ecosystems*, **17**, 1309-1325.

Robertson, G. P., Hutson, M. A. *et al.* (1988) Spatial variability in a successional plant community: Patterns of nitrogen availability. *Ecology*, **69**, 1517-1524.

Rockström, J., Steffen, W. *et al.* (2009) A safe operating space for humanity. *Nature*, **461**, 472-475.

Rose, L. A., Sebestyen, S. D. *et al.* (2015) Drivers of atmospheric nitrate processing and export in forested catchments. *Water Resources Research*, **51**, 1333-1352.

Schimel, J. P., Bennet, J. (2004) Nitrogen mineralization: Challenges of a changing paradigm. *Ecology*, **85**, 591-602.

Schuur, E. A. G., Matson, P. A. (2001) Net primary productivity and nutrient cycling across a mesic to wet precipitation gradient in Hawaiian montane forest. *Oecologia*, **128**, 431-442.

Sebestyen, S. D., Boyer, E. W. *et al.* (2008) Sources, transformations, and hydrological processes that control stream nitrate and dissolved organic matter concentrations during snowmelt in an upland forest. *Water Resour Res*, **44**, W12410.

柴田英昭（2015）森林集水域の物質循環調査法，pp. 120，共立出版．

柴田英昭・大手信人 他（2006）森林生態系の生物地球化学モデル：PnETモデルの適用と課題．陸水学雑誌，**67**，235-244．

柴田英昭・戸田浩人 他（2010）森林源流域における窒素の生物地球化学過程と渓流水質の形成．地球環境，**15**，133-143．

Sigman, D. M., Casciotti, K. L. *et al.* (2001) A bacterial method for the nitrogen isotopic analysis of nitrate in seawater and freshwater. *Anal Chem*, **73**, 4145-4153.

Silva, C., Wilkison, D. H. *et al.* (2000) A new method for collection of nitrate from fresh water and the analysis of nitrogen and oxygen isotope ratios. *J Hydrol*, **228**, 22-36.

Singh, A., Serbin, S. P. *et al.* (2015). Imaging spectroscopy algorithms for mapping canopy foliar chemical and morphological traits and their uncertainties. *Ecol Appl*, **25**, 2180-2197.

Stark, J. M., Hart, S. C. (1996) Diffusion technique for preparing salt solutions, Kjeldarl digests, and persulfate digests for nitrogen-15 analysis. *Soil Sci Soc Am J*, **60**, 1846-1855.

Stoddard, J. L. (1994) Long-term changes in watershed retention of nitrogen-its causes and aquatic consequences. In: Environmental Chemistry of Lakes and Reservoirs, **237**, pp. 223-284, American Chemical Society.

Takebayashi, Y., Koba, K. *et al.* (2010) The natural abundance of ^{15}N in plant and soil-available N indicates a shift of main plant N resources to NO_3^- from NH_4^+ along the N leaching gradient. *Rapid Commun Mass Spectrom*, **24**, 1001-1008.

Templer, P. H., Arthur, M. A. *et al.* (2007) Plant and soil natural abundance $\delta^{15}N$: Indicators of relative rates of nitrogen cycling in temperate forest ecosystems. *Oecologia*, **153**, 399-406.

Templer, P. H., Weathers, K. C. (2011) Use of mixed ion exchange resin and the denitrifier method to determine isotopic values of nitrate in atmospheric deposition and canopy throughfall. *Atmos Environ*, **45**, 2017-2020.

Templer, P. H., Mack, M. C. *et al.* (2012) Sinks for nitrogen inputs in terrestrial ecosystems: A meta-analysis of ^{15}N tracer field studies. *Ecology*, **93**, 1816-1829.

Tietema, A., Emmett, B. A. *et al.* (1998) The fate of ^{15}N-labelled nitrogen deposition in coniferous forest ecosystems. *For Ecol Manage*, **101**, 19-27.

Tobari, Y., Koba, K. *et al.* (2010) Contribution of atmospheric nitrate to stream-water nitrate in Japanese coniferous forests revealed by the oxygen isotope ratio of nitrate. *Rapid Commun Mass Spectrom*, **24**, 1281-1286.

引用文献

Tokuchi, N., Takeda, H. *et al.* (1993) Vertical changes in soil solution chemistry in soil profiles under coniferous forest. *Geoderma*, 59, 57–73.

Tokuchi, N., Takeda, H. *et al.* (1999) Topographical variations in a plant-soil system along a slope on Mt. Ryuoh, Japan. *Ecological Research*, 14, 361–369.

Tokuchi, N., Hirobe, M. *et al.* (2000) Topographical differences in soil N transformation using ^{15}N dilution method along a slope in a conifer plantation forest in Japan. *J For Res*, 5, 13–19.

Tokuchi, N., Yoneda, S. *et al.* (2014) Seasonal changes and controlling factors of gross N transformation in an evergreen plantation forest in central Japan. *J For Res*, 19, 77–85.

Tsunogai, U., Kido, T. *et al.* (2008) Sensitive determinations of stable nitrogen isotopic composition of organic nitrogen through chemical conversion into N_2O. *Rapid Commun Mass Spectrom*, 22, 345–354.

Tsunogai, U., Daita, S. *et al.* (2011) Quantifying nitrate dynamics in an oligotrophic lake using $\Delta^{17}O$. *Biogeosciences*, 8, 687–702.

Tsunogai, U., Komatsu, D. D. *et al.* (2010) Tracing the fate of atmospheric nitrate deposited onto a forest ecosystem in Eastern Asia using $\Delta^{17}O$. *Atmos Chem Phys*, 10, 1809–1820.

Tsunogai, U., Komatsu, D. D. *et al.* (2014) Quantifying the effects of clear-cutting and strip-cutting on nitrate dynamics in a forested watershed using triple oxygen isotopes as tracers. *Biogeosciences*, 11, 5411–5424.

Tsunogai, U., Miyauchi, T. *et al.* (2016) Accurate and precise quantification of atmospheric nitrate in streams draining land of various uses by using triple oxygen isotopes as tracers. *Biogeosciences*, 13, 3441–3459.

角皆 潤・小松大祐 他 (2010) 三酸素同位体組成を指標に用いた大気沈着窒素：森林生態系間相互作用の定量的評価法. 低温科学, 68, 107–119.

角皆 潤・中川書子 (2014) 同位体環境科学：第三講 安定同位体比によるプロセス解析. 大気環境学会誌, 49, A63–A72.

van Dam, D., van Breemen, N. (1995) NICCE: A model for cycling of nitrogen and carbon isotopes in coniferous forest ecosystems. *Ecol Modell*, 79, 255–275.

Vitousek, P. M., Howarth, R. W. (1991) Nitrogen limitation on land and in the sea: How can it occur? *Biogeochemistry*, 13, 87–115.

Vitousek, P. M., Menge, D. N. L. *et al.* (2013) Biological nitrogen fixation: Rates, patterns and ecological controls in terrestrial ecosystems. *Philos Trans R Soc Lond B Biol Sci*, 368, 20130119.

von Sperber, C., Chadwick, O. A. *et al.* (2017) Controls of nitrogen cycling evaluated along a well-characterized climate gradient. *Ecology*, 98, 1117–1129.

若松孝志・高橋 章 他 (2004) 窒素安定同位体を用いた大気由来 NH_4^+ の森林土壌中における初期動態. 日本土壌肥料学雑誌, 75, 169–178.

Wang, C., Houlton, B. Z. *et al.* (2017). Growth in the global N_2 sink attributed to N fertilizer inputs over 1860 to 2000. *Sci Total Environ*, 574, 1044–1053.

Wang, C., Wang, X. *et al.* (2014) Aridity threshold in controlling ecosystem nitrogen cycling in arid and semi-arid grasslands. *Nat Commun*, 5, 4799–4799.

第 2 章　大気窒素沈着による森林生態系の窒素飽和現象

Wexler, S. K., Goodale, C. L. *et al.*（2014）Isotopic signals of summer denitrification in a northern hardwood forested catchment. *Proc Nati Acad Sci USA*, **111**, 16413–16418.

Wright, R. F., van Breemen, N.（1995）The NITREX project -an Introduction. *For Ecol Manage*, **71**, 1–5.

Xiao, H. -Y., Liu, C. -Q.（2002）Sources of nitrogen and sulfur in wet deposition at Guiyang, southwest China. *Atmos Environ*, **36**, 5121–5130.

柳井洋介・木庭啓介（2017）モニタリングとモデリングに基づく物質動態広域評価の最前線：広域における炭素・窒素・水の動態を探る　どのような観測が広域評価に貢献できるのか．日本土壌肥料学会誌，**88**, 147–152.

由水千景・大手信人（2008）分析の自動化・高速化：硝酸イオン分析を例に．流域環境評価と安定同位体（永田 俊・宮島利宏編），pp. 476, 京都大学学術出版会．pp. 376–387.

Yu, L., Zhu, J. *et al.*（2016）Multiyear dual nitrate isotope signatures suggest that N-saturated subtropical forested catchments can act as robust N sinks. *Glob Chang Biol*, **22**, 3662–3674.

Zhang, Y., Liu, X. J. *et al.*（2008）Nitrogen inputs and isotopes in precipitation in the North China Plain. *Atmos Environ*, **42**, 1436–1448.

Zogg, G. P., Zak, D. R. *et al.*（2000）Microbial immobilization and the retention of anthropogenic nitrate in a northern hardwood forest. *Ecology*, **81**, 1858–1866.

第3章 流域から河川への リン流出機構

早川 敦

はじめに

　森林生態系の物質循環は，主に水循環と大気循環に伴う物質輸送に制御されるが，大気経由のフローが小さい沈積性の循環経路を辿るリンについては，水循環に伴う輸送量が大きい．すなわち，大気とのガス交換量が大きい炭素や窒素と異なり，リンは相対的に陸域の循環量が多く，河川が森林生態系からのリンの最大の輸送経路となる．リンは必須栄養元素として森林生態系の成長と持続性に重要な役割を果たすとともに，表層地質や土壌，バイオマスに貯留された膨大なリンは，全球レベルのリン循環やエネルギーバランスに大きな影響を及ぼしていると考えられる．しかし，森林生態系から河川に至るリンの輸送に関する情報は，特に冷温帯において限られている (Bol *et al.*, 2016)．

　源流域河川は，リンに限らず元素の循環に関して重要な生態学的な特徴をもっている．たとえば，河川水量に対する河川底質との接触面積の割合が高いため，堆積物との物理化学的および生物的な物質交換プロセスの影響を受けやすいこと，隣接する河畔域での物質交換を通じて森林生態系の物質循環と密接に関連していること，急峻な地形を反映して元素の移動や可給性が制御されやすいことなどである．そのため，源流域河川は下流の水圏生態系へのエネルギーや栄養元素のフラックスに強く影響し (Alexander *et al.*, 2000)，河川流域全体の生態学的な健全性を維持する上で重要な役割を果たしていると考えられている．たとえば，河川による過剰なリンの輸送は，富栄養化に代表される下流

の水圏生態系へ負の影響を及ぼしうる一方で，源流域河川は，流域内と河川内の生物，非生物による保持作用を通してリンの流出を緩衝する作用も備えている．

本章では，森林生態系におけるリンの生物地球化学循環とそれを駆動する生態系の機能について概説し，森林生態系から河川へ流出するまでのリンの動態を，土層内から土壌−植物系，傾斜地，河畔域を含む流域スケールで眺めてみたい．

3.1 森林流域におけるリンの循環と河川流出の概要

3.1.1 源流から下流までのリンの循環と流れ

リンが森林生態系から河川を経て下流へ至る過程を追跡してみよう．森林生態系のリンの循環と河川流出は，土壌，植物，微生物，地質，気候，地形，河畔域，河川といった流域を構成する要素とさまざまな生物地球化学および地球化学プロセスの組み合わせによって起こる（図 3.1；3.1.2 項参照）．

森林生態系のリン循環の特徴には，「半閉鎖的な」循環と表現される内部循環の卓越した循環システムが挙げられる．これは，森林生態系内部の循環に比べて，森林生態系外部からの加入量，外部への持ち出し量が少ないことを意味する．森林生態系内部の循環とは，岩石・鉱物に含まれるリンを起点とした土壌と植物の間の循環を指し，リンの外部からの加入，外部への持ち出しは，それぞれ大気沈着（あるいは大気降下物：atmospheric deposition），河川への流出を指す．すなわち，森林生態系では，土壌−植物系における内部循環によるリンの再循環プロセスが量的に卓越している．詳しくは 3.2.1 項を参照されたい．

森林生態系のリンの内部循環は，土壌と植物の間の土壌溶液を介したリンの形態変化と移動を指す．リンは岩石・鉱物の化学的風化作用により土壌溶液に供給（可溶化）される．土壌溶液中のリンの一部は生物（植物および微生物）に取り込まれる（同化）一方，鉱物粒子の表面や有機物に吸着されたりそれらの内部に取り込まれたりする．主にリン酸イオンとして植物に吸収されたリン

3.1 森林流域におけるリンの循環と河川流出の概要

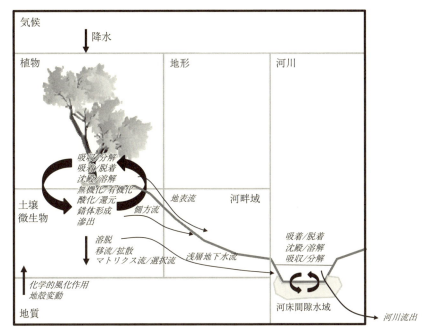

図 3.1　森林河川源流域を構成する要素と水循環の主要過程に伴うリン循環の概念図
斜体は各要素と要素間における主要なプロセスを表す．

は，タンパク質，生体膜，核酸，ATPなどの生体高分子を構成する有機態画分（有機態リン）に変換される．樹木や下層植生などの一次生産者に含まれる有機態リンの一部は植食動物に移行し，さらに肉食動物などの高次の消費者に受け渡される．一方，リターや枯死木，動物遺体，糞として土壌表層に有機態リンが供給されると，それらは微生物による分解や無機化作用によって低分子の有機態リンや無機態リンに変換され，再び土壌溶液に供給される．詳しくは 3.2.1 項，3.2.2 項を参照されたい．

　土壌中の大部分のリンは土壌固相に存在し，長い時間をかけて植物にとって利用しにくい化学的に安定な形態へと変化していく．土壌溶液中のリン濃度が低く保たれる本質は土壌固相における高いリンの保持によるが，土壌に保持されたリンの化学形態はさまざまであり，生物への可給性は異なる．また，土壌中のリンの貯留量と化学形態は時間経過に伴って変化する．特に熱帯地域においては，土壌母材からのリンのロスに伴い生成年代の古い土壌ほどリンの総量

63

が少なく，植物に対するリンの可給性が低下する（Walker & Syers, 1976）．詳しくは3.2.2項を参照されたい．

　土壌と植物の間を循環するリンが河川へどのように供給されるのか考えてみよう．土壌-植物系のリンは，さまざまな形態で水文プロセスによって輸送される．土壌溶液中のリンの一部は水の浸透に伴って溶存態として下層へ溶脱したり，土壌表層に濃集したリンの一部は降雨・融雪などの出水時に土壌粒子とともに懸濁態として斜面下部へ移動したりすることで，リンはその場の土壌-植物系のサイクルから逸脱し，空間的な広がりをもって分配される．出水時には，選択流，地表流（表面流去水），側方流（中間流出水）といった水文プロセスがリンの輸送を担う（図3.1）．詳しくは3.2.4項を参照されたい．

　陸域と河川の境界に位置する河畔域（riparian zone）は，リンの一時的な貯留の場や形態変化を促す場であると認識されている．たとえば，pH，酸化還元などの化学環境の変化は，土壌に保持されたリンの化学形態の変化をもたらすが，河畔域はこうした土壌中の化学環境の変化がダイナミックに起こりやすい．森林生態系のリンの多くは最終的に河畔域や河床間隙水域（hyporheic zone）を経由して河川へ流入すると考えられる．また，河川内も1つの生態系としてリンの動態を制御する．河川内では，河川堆積物や河床生物などの非生物，生物的な作用によってリンの濃度と形態が変化する．河畔域，河川内での変化パターンの詳細については3.2.4項，3.2.5項を参照されたい．

　このように，森林流域を構成する要素と循環プロセスの複合的な相互作用の結果として，河川水中のリンの濃度や流出が制御されていると考えられる．

3.1.2　河川源流域におけるリン循環にかかわるさまざまな要素とプロセス

A．流域と河川：流域研究の意義

　本章では河川源流域のリンの循環と河川流出について扱うが，ここで流域と河川を定義しておこう．

　本章が想定する流域は，主に森林で構成された低次河川の源流域（headwater catchment）とする．流域とは，陸面の地形によって決定される分水嶺で囲まれた空間領域である．また流域は，河川のある点での河川流に寄与する全上

流域と定義でき，流域のサイズは対象とする河川のどの点を選択するかによって決まる．河川源流域は河川上流の領域であるので，そのサイズは一般に小さく，数ha〜数km^2程度の規模と考えてよいだろう．河川は陸域水循環の一部をなし，降水，融雪などによる流域への水の入力に応答して河川流が生じ，流域のさまざまな物質を河口や海洋へ運搬する導管としての役目を担う．すなわち，河川流は点ではなく，流域という空間スケールで起こる現象である．

　流域は，降水から河川水に至る水の質的，量的な変換の場であり，河川水は，流域のさまざまな要素とプロセスを反映した空間代表性に優れた試料と見なすことができる．そのため，流域を構成する要素の空間情報を整理し，出口の水質と水量を時系列で観測すれば，流域から河川を通した水質の変動評価や物質量の定量が可能となるだけでなく，流域の水質に及ぼす機能を推定することも可能となると考えられる．このように，流域は境界が明瞭であり，物質の流れを把握する観測（モニタリング）やそれらを予測するモデリングにも適したシステムの基本単位として捉えやすい．

　河川源流域におけるリン研究の意義を考えてみよう．源流域河川中のリンは，人為圧がほとんどない自然起源のリンと見なせ，中流，下流にかけて起こる人為の影響を評価する際の流域のベースラインと考えることができる．しかし，ベースラインの水質をもたらすリン循環の仕組みの理解は不十分であり，一般にリンの河川による輸送は大きな時空間的な変動をもつことから，流域の特性を反映したリンの動態を把握するためには，高頻度かつ広域における観測が求められる．したがって，河川源流域におけるリンの動態とそのメカニズムを把握することは，自然のリン循環の仕組みや素過程を理解したり，人為影響による水質の変化を検出するために不可欠であるほか，そうした変化を予測する生物地球化学モデル開発にも貢献しうると考えられる（McGroddy *et al.*, 2008）．

B．流域を構成する要素・プロセスとのかかわり

　流域を構成する要素やプロセスがリンの循環と流出にどのように関係しているかをここで簡単に触れてみよう．河川源流域は，気候，地形，地質，土壌，植生，微生物，河畔域，そして河川などの生物的，非生物的な要素で構成されている（図3.1）．一方，リンの循環と流出にかかわるプロセスには，地質・地球化学プロセス（隆起，侵食など），土壌内の生物化学・物理化学プロセス

(化学的風化作用,吸収／分解,吸着／脱着,沈殿／溶解,無機化／有機化,酸化／還元,錯体形成,滲出など),水文プロセス(溶脱,移流／拡散,マトリクス流／選択流,地表流,側方流,浅層地下水流など)が挙げられる(図3.1).個々のプロセスの反応の時空間スケールが大きく異なることに注意する必要がある.たとえば,地殻変動による岩石リンの供給は数百万年スケールでゆっくりと広域にわたって起こる地球化学プロセスである一方,土壌内でのリンの吸着／脱着は秒スケールで比較的狭い範囲で起こる反応であろう.対象とする時空間スケールによってリンの動態を制御する要因はもちろんのこと,プロセスも変わってくるのである.

　こうした流域の構成要素とさまざまなプロセスが互いに密接に関連し,リンの河川流出を決定づけている.たとえば気候については,特に気温と降水量(流量)が重要である.高温と多湿という条件は,化学反応や生物反応を促すことで岩石の化学的風化作用を促進させ,それに伴うリンの放出や化学形態変化をもたらす.降水量は水文プロセスを駆動し,河川流量など水の流れを制御することでリンの流出量に影響するだろう.地質・土壌は,流域のリンの総量を規定するだけでなく,リンの化学形態も決定づける.植生は,土壌から無機態リンを吸収し,有機態リンに変換することで土壌-植物系のリンの循環速度と形態を調整している.微生物は,有機態リンの無機化や風化の促進,難溶性リンの可溶化にも関与し,リン循環を駆動している.地形は,気候条件(たとえば,降水量や降雨強度)に依存してリンを輸送する水の移動経路を決定するし,河川地形も水の滞留時間を制御することによってリンの動態に影響しうる.川の両岸から河川へ水を供給する河畔域は,河川水質の形成に考慮すべき重要な要素の1つであり,リンの流出・保持にも関与している.河川そのものも1つの生態系であり,河川堆積物は吸着・脱着を通して,河床の生物や水生植物はリンの吸収・分解を通して河川水中のリン濃度を制御している.

3.1.3 リンの給源・存在形態

　陸域におけるリンの三大プールは,岩石,土壌,バイオマスである.ここでは,森林生態系におけるリンのプールにおけるリンの含量や存在形態の概要を紹介しよう.また,河川水,土壌水,地下水といった溶液中のリンの形態につ

いても述べる．

A. 岩石，河川堆積物

岩石は陸域における最大のリンのプールであるが，岩石の種類によってリンの含量は異なる傾向にあり，数百〜1,500 mgP ka^{-1}程度である（Newman, 1995など）．既往のデータベースを整理した報告によると，岩石中のリン含量は，超苦鉄質，超塩基性岩で低く，玄武岩や頁岩で高い傾向にあり，その中央値は120〜3,000 mgP kg^{-1}以上と約30倍の差があったとされる（Porder & Ramachandran, 2012）．火成岩は，マグマが急冷して固化したガラス質の火山岩と徐々に冷却してできた結晶質の深成岩とに分けられる．さらに，化学成分のSiO$_2$含量で分類する場合，SiO$_2$含量の多いほうから順に酸性岩，中性岩，塩基性岩，超塩基性岩に分類される．火成岩中のリン含量は，酸性岩，超塩基性岩よりも，中性岩，塩基性岩で高い傾向にあるようだ（Govindaraju, 1994；Imai, 1995）．

河川堆積物は，流域表層地質のリンの情報を含む空間代表性に優れる試料と考えられ，リンの河川水質の要因解析のために採取・分析される場合もある．日本全域での報告では，572±240 mgP kg^{-1}（n=3,024）とされる（今井ほか，2004）．

主要なリン酸塩鉱物としては，アパタイト（apatite：リン灰石，Ca$_{10}$X$_2$(PO$_4$)$_6$，XはFまたはOH，Cl），ストレンジャイト（Strengite：FePO$_4$・2H$_2$O），およびバリサイト（variscite：AlPO$_4$・2H$_2$O）などがある．還元的な環境下などの特殊な環境下では，ビビアナイト（vivianite：藍鉄鉱，Fe$_3$(PO$_4$)$_2$・8H$_2$O）が見られる．アパタイトを主体とするリン鉱石のリン含量は145 gP kg^{-1}程度である（Govindaraju, 1994）．

B. 土壌のリン含量と化学形態

森林土壌の全リン含量は，概ね数百〜5,000 mgP kg^{-1}の範囲にある．既往のデータベースでは，平均753 mgP kg^{-1}（n=17），熱帯土壌で284 mgP kg^{-1}（n=4）（Govindaraju, 1994）とされる．また，リンの豊富な森林土壌では，全リン含量が4,560 mgP kg^{-1}に上るという報告もある一方で（Li et $al.$, 2015），超塩基性，超苦鉄性岩を母岩とする蛇紋岩質土壌等では，母岩の性質を反映してリン含量が少ない傾向にある（Bonifacio & Barberis, 1999）．母岩と土壌のリ

第 3 章　流域から河川へのリン流出機構

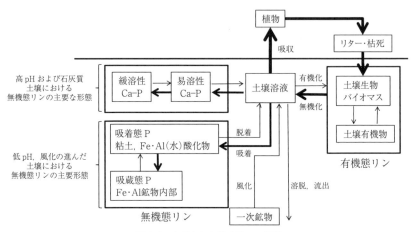

図 3.2　土壌中におけるリンの循環
ボックスはさまざまなリン形態のプールを表し，矢印はプール間の輸送や形態変化を表す．太い矢印は主要な経路を表す．Brady & Weil (2008) を改変．

ン含量の対応関係を調べた例は少ないが，母岩のリン含量が土壌の全リン含量の変動の 42% を説明したとする報告がある（Porder & Ramachandran, 2012）．

　土壌は無機態および有機態の双方のさまざまな形態のリンを含んでおり，次の 3 つのグループに大別できる．すなわち，有機態リン，カルシウム結合無機態リン，鉄（Fe）またはアルミニウム（Al）結合無機態リンである（図 3.2）．有機態リンは有機物含量に伴って増減するので，下層土に少なく表層土に多い傾向にある．無機態リンの化学形態は主に pH に依存し，アルカリ土壌ではカルシウム結合態が優占し，酸性から中性の土壌では鉄およびアルミニウムの酸化物・水酸化物に結合した形態が重要となる（図 3.3）．土壌の生成プロセスと土層内のリンの総量，化学形態は密接に関連しており，無機態・有機態リンの量や割合は，土壌の種類によって異なる（Smeck, 1985）．

　表層土壌には全リンの 20〜80% が有機態画分として存在するとされる（Brady & Weil, 2008）．イノシトールリン酸は土壌中に普遍的に存在する有機態画分であり，有機態リンの大部分を占めるとされる．有機態リンの化学形態は，リン酸の 1 つのヒドロキシ基がエステル結合したリン酸モノエステル（イノシトールリン酸，モノヌクレオチド，糖リン酸など），リン酸の 2 つのヒドロキシ基がエステル結合したホスホジエステル（リン脂質，核酸，テイコ

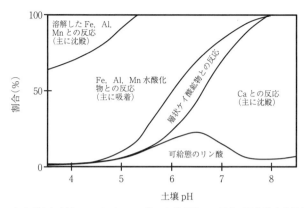

図3.3 さまざまな土壌pHにおけるリン酸の無機鉱物への固定(平均的な土壌を想定) Brady & Weil (2008) を改変.

酸),ホスホン酸,およびATP,ADPなどのリン酸無水物がある(Huang et al., 2017).

リンの動態や生物利用性を把握するには,土壌中のさまざまなリンの形態を分別し,同定することが要求される.土壌中の無機態リンの一般的な分析手法として,逐次抽出によるリン分画の測定法がある.これは,さまざまな形態のリンを選択的に溶解させるために,鉱物や有機物とリンとの親和性や結合強度に基づいて設計された一連の抽出液を用いる手法である.たとえば,まず,緩く結合したリン(loosely bound P)を塩溶液(たとえば,1 M NH_4Cl)で抽出し,続いてアルカリ抽出液(たとえば,0.5 M $NaHCO_3$,0.1 M NaOH)の組み合わせによって鉄およびアルミニウムに結合したリンを抽出し,さらに,カルシウム結合態リンを評価するために残渣を酸(たとえば,0.5 M HCl,0.5 M H_2SO_4)によって抽出し,抽出液中のリン濃度を測定することで各形態のリン含量を求める.

C. バイオマス

樹木葉のリターは,森林土壌への主要なリンのインプットであり,土壌表層へ有機態リンを供給する.全球データを整理した樹木葉リターのリン含量の平均値は,850 ± 710 mgP kg^{-1}($n=482$)と報告されている(Kang et al., 2010).樹種による違いも認められ,灌木(920 ± 740 mgP kg^{-1}),照葉樹(840 ± 860 mgP kg^{-1}),落葉広葉樹(900 ± 650 mgP kg^{-1})と比べて針葉樹($620 \pm$

470 mgP kg^{-1}）のリター中のリン含量は有意に低い傾向がある（Kang *et al.,* 2010）．植物体中のリンの形態は，無機リン酸のほか，主に核酸，リン脂質，糖リン酸として存在し，種子中にはイノシトールリン酸であるフィチンとして多く存在する．

D. 河川水，土壌溶液，地下水

　河川水や地下水，土壌溶液など自然水中のリンの存在形態には，溶存態と粒子状（懸濁態）があり，それぞれに無機態と有機態の化学形態がある．すなわち，自然水中のリンは，溶存無機態リン（dissolved inorganic P: DIP）および溶存有機態リン（dissolved organic P: DOP），粒子状無機態リン（particulate inorganic P: PIP）および粒子状有機態リン（particulate organic P: POP）に大別される．一般に"溶存態"は，0.45あるいは0.20 μmのフィルターを通過するサイズの画分と定義される場合が多い．溶存態のリンのうち，オルトリン酸（以下，リン酸）が食物網の起点となる陸上植物や植物プランクトンによって摂取される主要な形態である．

　リン酸の化学種は溶液のpHで決まる．リン酸は解離可能なプロトンを3つもつトリプロトン酸で，pKa値（25℃）は約2.1, 7.2, 12.3である．したがって，通常のpH条件下では，自然水中に存在するリン酸の化学種は$H_2PO_4^-$またはHPO_4^{2-}である．pHが時間によって大きく変動しうる土壌溶液などでは，それに応じてリン酸の化学種も変化すると考えられる．その他の溶存態リンは，ポリリン酸，有機態リン酸（イノシトールリン酸，核酸，糖リン酸，リン脂質，リンタンパクなど）が挙げられる．"粒子状"（フィルター上に残る画分）のリンは，粘土やシルトに結合した有機態および無機態のリンや，プランクトン（主に河川水）などの生体やデトリタス（生物遺体や有機物片）に含まれるリンなども考えられる．コロイド状のリンは通常1 nm〜1 μmとされ，実験操作上，溶存態および粒子状の双方に含まれることになる．

Box 3.1　自然水中のDIP濃度の測定・表記法

　河川水や地下水，土壌溶液に含まれるDIP濃度の測定は，通常，イオンクロマトグラフ法やモリブデンブルー法と呼ばれる手法によって行われる．イオンクロマトグラフ法では，オルトリン酸が測定されるのに対し，リンモリブデンブルー錯体

の呈する青色の吸光度の測定に基づくモリブデンブルー法で定量されるリンは，オルトリン酸のほかに，酸性条件でモリブデン酸と錯体を形成しうる無機態，有機態，縮合態，およびコロイド態のリンも含む可能性がある（Worsfold et al., 2016）．そのため，フィルターを通してモリブデンブルー法で測定されたリン画分は，SRP（soluble reactive phosphorus：溶存反応性リン）などと呼ばれ，DIP と区別される場合がある．SRP はオルトリン酸を過大評価する可能性が指摘されており，琵琶湖流入河川の調査結果によれば，SRP に対するオルトリン酸の割合は 0.06〜0.79 であり，場所によっては SRP のかなりの割合がオルトリン酸ではなく，分析中に加水分解したリン化合物であることが示唆された（Maruo et al., 2016）．本章では，オルトリン酸≒SRP と見なし，基本的にリン酸という用語で統一するが，引用の原文に合わせて SRP と表記する場合もある．

3.2　森林流域におけるリンの循環と流出機構

　森林生態系のリンが流域内で質的，量的にどのように変化するのか眺めてみよう．

3.2.1　物質収支法による森林源流域のリン循環の評価

　ここではまず，物質収支法による河川源流域のリン循環と流出の定量評価事例について紹介する．次に，大気沈着によるリンの加入について紹介する．最後に，リンの河川流出について，主に3つの時間スケール，(1) 年変動，(2) 季節変動，(3) 日変動（出水イベント）での変動の実態を紹介する．

A．流域における物質収支法の適用

　ある空間領域における物質の流れ（フラックス：flux）や貯留量（ストック：stock）を把握するために，物質収支法と呼ばれる手法がさまざまな時空間スケールで用いられ，流域スケールにも適用されている．物質収支法は，化学反応の前後で物質の質量は変化しないとする質量保存則に基づいている．すなわち，ある空間・時間を対象として，そこに出入りする物質の質量と空間内で生み出されたり消失したりする物質の質量の和は，空間に含まれる物質の質量の変化量に等しい．物質収支法の利点は，これを適用することで主要なフローを特定したりストックを定量できるだけでなく，実測ができない項目の量を

推定したり，より精査が必要なフローを特定することも可能となる．水収支が比較的とりやすい流域という枠組みで元素の流れを把握し収支を得ることは，流域の元素循環の構造や機能を理解する上で重要であり，特定の生物地球化学プロセスに焦点を当てる前の手段としても合理的である．

B．流域のリン収支

物質収支法を適用して森林流域のリン収支を評価した事例を見てみよう．森林流域を1つの系と見立てリンの加入と排出を考えた場合，最も単純な系では，流域へのリンの加入は大気沈着，流域からのリンの排出は河川流出となる．たとえば，Vaithiyanathan & Correll（1992）は，アメリカ東部の落葉広葉樹林の集水域において，大気沈着 0.14 kgP ha^{-1} y^{-1} に対して，河川への全リン流出量は 0.3 kgP ha^{-1} y^{-1} と報告し，井手ら（2008）は，九州北部のヒノキ人工林試験流域において，大気沈着，河川への全リン流出量がそれぞれ 0.063，0.223 kgP ha^{-1} y^{-1} と報告し，流域のリン収支（加入－流出）はいずれもマイナス（大気沈着＜河川流出）となっていた．一方，Yanai（1992）によるアメリカ北東部のハバードブルック研究林における詳細なリン収支データによれば，大気沈着，河川への全リン流出量はそれぞれ 0.04，0.02 kgP ha^{-1} y^{-1} で収支はプラス（大気沈着＞河川流出）であった（表 3.1）．

表 3.1　ハバード・ブルック研究林におけるリンフラックス（Yanai, 1992）

リンフラックス	kgP ha^{-1} y^{-1}
降水	0.04
河川流出	0.02
リターフォール	4.0
林内雨，樹冠流	0.57
枯死根（林床）	1.66
枯死根（硬質土壌）	1.88
根滲出物（林床）	0.1
根滲出物（硬質土壌）	0.12
林床からの溶脱	0.3
植物による吸収	9.62
林床からの吸収※	5.87
硬質土壌からの吸収※	3.75
林床での正味のリン無機化※	5.63

※物質収支によって計算されたフラックス

マイナス収支は森林生態系のリンが減少していくことを表しており，リンの枯渇化する速度と考えることができる．反対に，収支がプラスとなる場合は，森林生態系にリンが蓄積していくことを表している．リンの収支は場所によって大きく異なることが予想され，長期における生態学的な重要性を示唆する指標となると考えられている（Newman, 1995）．収支の正負には，後述の沈着量の大小（3.2.1項 C）や流域の内部循環の性質（3.2.2項），水文プロセス（3.2.4項）などが反映されていると推察される．また，流域でのリン収支の正負にかかわらず，リンは絶えず河川を経由して陸域から海洋へ供給される．海洋へ供給されたリンは，長い時間をかけてやがて海底の堆積岩に取り込まれる．地質学的な時間スケールでは地殻変動などの地球化学プロセスがリンの循環に重要な役割を果たし，海底に堆積したリンは地殻の隆起によって再び陸地化されることで海洋と陸域の間を「循環」すると考えられる（Filippelli, 2002）．

一方，森林生態系内部のリンのフローは，大気沈着量や河川への流出量よりもかなり大きいのが一般的である（表 3.1）．Vaithiyanathan & Correll (1992) によれば，植物吸収，リターフォール，有機態リンの無機化量は，それぞれ $10 kgP ha^{-1} y^{-1}$ 程度であり，森林生態系内における有機化と無機化による形態の変換量がほぼ釣り合っていると推定された．この量は，先の森林系外からの加入（沈着量）と系外への排出（河川流出）のそれぞれ，70倍，33倍に相当する．このように森林生態系のリンは，大気からの加入量や河川への排出量と比べて，土壌と植物の間を循環する量が多い．すなわち森林生態系では，リンを効率的に循環・保持する半閉鎖的な内部循環が卓越している．

C. 大気沈着によるリンの加入

大気沈着は，森林生態系における外部からのリンの主要な加入経路である．大気沈着によるリンの加入量は，概ね $0.07 \sim 1.7 kgP ha^{-1} y^{-1}$ の範囲にある（Newman, 1995; Tipping et al., 2014）．リンの大気沈着は，特にリンによって一次生産が制限される生態系では重要な供給源となる可能性がある．安定的なガス形態の存在しないリンについては，ダストやエアロゾル（大気中の浮遊粒子状物質）がリンの主要な輸送媒体となり，長距離輸送される場合がある（Okin et al., 2004; Furutani et al., 2010）．土壌の酸性化が進行して難溶性や吸蔵態のリンが多くなり，岩石由来のリンの供給が減少した古い土壌生態系では，

砂漠地帯からのダストが主要なリンの加入となり，長期にわたる生産性の維持に貢献してきたと考えられている（Okin et al., 2004; Chadwick et al., 1999）．近年では，化石燃料やバイオマスの燃焼などに伴う人為起源のリンが大気沈着として陸域へ加入し，その寄与が全リン（TP），リン酸（PO_4）でそれぞれ〜5%，15%と増大していると試算された（Mahowald et al., 2008）．大気沈着中の人為起源のリンは可溶性画分が多いため，人為活動によるリン沈着量の増大は，TPに占める可溶性画分の割合を高めるとされている（Furutani et al., 2010）．京都の源流域でも大気沈着リンに対する人為や越境輸送の影響が検出され，ユーラシア大陸東部のダスト（15%）や中国の石炭燃焼（39%）の寄与が大きいとされた（Tsukuda et al., 2006）．したがって，人為影響による大気沈着に伴うリン加入量の増大は，流域におけるリン収支のバランスを変貌させる可能性がある．

しかし，これまでに大気沈着由来のリンが源流域河川水中リン濃度に及ぼす影響を明確に検出した例はないと思われる．Zhang et al.（2008）は，日本の5地域における河川水中DIP濃度とNO_3^-濃度が相関し，それらと大気沈着による全窒素（TN）量とTP量のパターンが類似していたことから，大気沈着由来リンの溶存無機リン（DIP）濃度への影響を指摘した．一方で，土壌-植物系を介さず水域に直接加入する大気沈着由来のリンは，貧栄養の水圏生態系に直接的に影響を及ぼす可能性がある．十和田八幡平国立公園内の人為影響のほとんどない山地の沼において，近年の藻類バイオマスの増大が示す富栄養化が，1990年以降に増大したアジア大陸からのダスト由来のリンに起因することが堆積物コアの解析から示された（Tsugeki et al., 2012）．

D．河川のリン流出量と年次変動

森林流域から河川を通したTP流出量の報告値を整理すると，概ね1 kgP ha^{-1} y^{-1}以下の範囲にあり（Vaithiyanathan & Correll, 1992；井手ほか，2008；Dillon et al., 1991; Gardner, 1990; Julich et al., 2017b; Benning et al. 2012など），降雨時の流出特性を反映して粒子状リンが主要な流出形態となる．九州北部の森林小流域では，年間平均TP流出量0.22 kgP ha^{-1} y^{-1}に対して粒子状リンの割合は65%であった（井手ほか，2008）．また，ドイツのトウヒ林集水域での研究では，年間リン流出量は0.04 kgP ha^{-1} y^{-1}で，そのうちリン

酸は25%に過ぎなかった（Benning et al., 2012）.

　リン流出量の年次変動は，流出高の変動に依存する．ヒノキ人工林の集水域における4年間の観測では，全リン流出量は0.136〜0.317 kgP ha^{-1} y^{-1}の間で変動し，多雨年に増大したとされる（井手ほか，2008）．一方，平田ほか（1995）の観測では，リン酸流出量と降水量，流出高には明瞭な関係は認められず，懸濁態成分と溶存成分では年次変動をもたらす要因が異なると考えられる．

　正確な全リン流出量の評価には，出水時の水質・水量の実測データを取得し，それに基づく流出量の見積もりが不可欠であると指摘されている（井手ほか，2008; Zhang et al., 2007; Benning et al., 2012; Julich et al., 2017b）．たとえば，ドイツのトウヒ林における出水時を考慮しない場合と考慮した場合の流出量の推定値は，前者が0.019〜0.044 kgP ha^{-1} y^{-1}だったのに対し，後者は0.083 kgP ha^{-1} y^{-1}とされた（Julich et al., 2017b）．上述の井手ほか（2008）による観測では，出水時の濃度変化を考慮した算出方法によるリン流出量は，それを考慮しない手法（区間代表法）の流出量の3倍であった．

E. 河川水リン濃度の季節変動と出水時の変動

　河川水中のリン濃度は，生物活性や流量の変動に伴って変化すると報告されている．源流域の河川水中のリン濃度は，夏に最大値を記録した事例がある（Roberts et al., 2007; Bernal et al., 2015; Verheyen et al., 2015）一方で，植物の生育期に低下し，非生育期に上昇傾向を示す例も報告されている（Benning et al., 2012; Julich et al., 2017b）．Verheyen et al.（2015）は，ベルギーのオークとブナの落葉混交林において，基底流時のDTP（溶存全リン）濃度は気温の上昇とともに夏に上昇する明瞭な変動パターンを観測し，冬季（10〜3月）の10〜180 μgP L^{-1}に対し，夏季（4〜9月）は640 μgP L^{-1}まで上昇したと報告した．一方，ドイツのトウヒ林集水域では，全リン濃度は2.0〜65.7 μgP L^{-1}であり，冬季に平均濃度が最も高くなったと報告された（Julich et al., 2017b）．

　出水に対応したリン濃度のピークも確認されている．河川水中の全リン濃度は，基底流量時に8 μgP L^{-1}であったのが，降雨時には最大203 μgP L^{-1}に上昇した（Julich et al., 2017b）．溶存反応性リン濃度については，降雨時に上昇する傾向にあったり（Benning et al., 2012），希釈によって低下する場合もある

(Zhang *et al.*, 2007).リン濃度の季節変動の評価には,降雨履歴やリンの形態を考慮する必要があるだろう.

3.2.2 地質・土壌の影響

　森林流域におけるリンの物質収支研究は,主に大気沈着と河川流出の総量と時間変動に焦点を当て,フローや収支の定量的な理解を通して,内部フローの卓越,リン濃度の季節的な変動の有無などの有用な知見を提供してきた.それでは,リンの流出や濃度の季節変動,それらの流域間差をもたらす要因は何であろう？　それを知るには森林流域内部における各要素とプロセスの関係を紐解く必要があるだろう.本項以降では,流域内部におけるリン循環を制御する要素やプロセスについて少し詳しく見てみよう.

A. 化学的風化作用とリンの供給

　岩石・鉱物の化学的風化作用は,森林生態系におけるリン供給の最初のプロセスとして重要である.化学的風化作用によるリンの供給は,鉱物の溶解に伴う液相へのリン酸の放出である.化学的風化をもたらす量的に最も重要な風化剤は二酸化炭素であり,植物根や土壌微生物の呼吸,土壌有機物の分解によってもたらされた二酸化炭素が土壌溶液に溶解すると,生成した炭酸が弱酸の性質を有することから溶液に接した鉱物をゆっくりと溶解させる.陸域の主要なリン鉱物であるアパタイトの風化は次のように表される.

$$Ca_5(PO_4)_3OH + 4H_2CO_3 \Leftrightarrow 5Ca^{2+} + 3HPO_4^{2-} + 4HCO_3^- + H_2O$$

　化学的風化作用を制御する要因は,岩石の種類,鉱物粒子の表面積,鉱物表面の水との接触程度,温度,溶存化学物質(プロトン,キレート物質)などである(Newman, 1995).植物遺体の分解産物,コケ類,地衣類,微生物から滲出される有機酸やキレート物質も鉱物の化学的風化作用を促進しうる.有機酸やキレート物質の生成は,有機物に富む土壌表層で起こりやすい.

　岩石の化学的風化作用によるリン放出速度は概ね 1 kgP ha^{-1} y^{-1} 以内にあり(Gardner, 1990; Hartmann *et al.*, 2014),その空間パターンは,岩石の全リン含量よりも化学的風化速度に依存することが示された (Hartmann *et al.*, 2014).岩石からの高いリン放出速度は,風化抵抗性の低い火山岩を有する高温多湿地

3.2 森林流域におけるリンの循環と流出機構

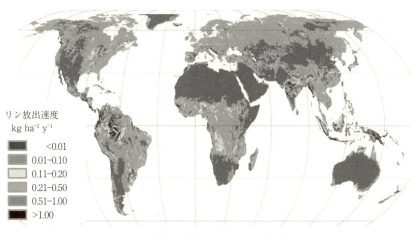

図 3.4 化学的風化作用によるリン放出の推定値
Hartmann *et al.* (2014) を一部改変. →口絵 1

帯に分布し，東南アジアがリン放出のホットスポットと予測されている（図3.4）．流域スケールでは，地質と流量が化学風化速度を制御する主要因であると指摘された（Hartmann & Moodsdorf, 2011）．

しかし，岩石の化学風化速度の推定自体が困難であるため，化学的風化作用によるリン放出速度の報告例は限られ，その推定値には大きな不確実性が含まれているのが現状である．岩石の化学風化速度の推定を困難にする要因には，第一に鉱物の溶解度の低さが挙げられる．鉱物の風化は緩慢に進行するので，リンの化学的，鉱物学的な変化を直接観測することは困難である．また，流域などの広域スケールにおける評価では，基盤となる地質図の空間解像度の低さが化学風化速度予測の障害となり，リン放出速度の空間的な予測を困難にしている（Newman, 1995; Hartmann & Moodsdorf, 2011）．

岩石（一次鉱物）の化学的風化作用は，リンの放出をもたらす一方で，リンを保持する反応性の高い二次鉱物も形成させる．二次鉱物の中には，リン酸と強く結合しその内部にリンを取り込んだり，有機物と複合体を形成してリンの取り込みに関与したりするものもある．したがって，化学的風化作用によって放出されたリン酸は，次に説明する土壌中の二次鉱物による保持プロセスによって速やかに溶液から除去される．

B. 土壌によるリン保持メカニズム

　鉱物の風化や有機物の無機化が起きているにもかかわらず，土壌溶液中のリン濃度は低く保たれている（3.2.4項A参照）．その要因には，リン含有鉱物の低い溶解度のほかに，リン酸の鉱物粒子との高い反応性に基づく沈殿と吸着プロセスが挙げられる．土壌中のリン酸と鉱物粒子との反応は，土壌pHと鉱物の組成に大きく制御される（図3.3）．強い酸性土壌（＜pH5）でFe^{3+}やAl^{3+}が存在するようになると，それらがリン酸塩を形成して化学的にリン酸を沈殿させる．酸性から中性の土壌ではAl，Feの酸化物・水酸化物，層状ケイ酸塩がリン酸の吸着反応に関与することによって，また，pHの高いアルカリ土壌や石灰質の土壌ではリン酸とカルシウム塩を形成することによって，リン酸イオンが土壌溶液から除去される．鉱質土壌のリン酸の可給性は，一般にpH5.5～7.0の範囲で高くなる．したがって，このpH範囲でリンの可動性も高まると考えられる．

　一般的な土壌によるリン酸の保持の主体は，二次鉱物による吸着反応である．多くの土壌に存在するFe，Alの酸化物・水酸化物や1：1型粘土鉱物は，一次鉱物の風化によって生じる二次鉱物であるが，鉱物表面や縁辺部における吸着反応によってリン酸を保持する性質をもつ．その吸着反応には，リン酸イオンが可逆的に吸着する陰イオン交換反応と，より強固で安定的な配位子交換による反応が挙げられる．一般には，鉱物によるリン酸の吸着は，陰イオン交換よりも配位子交換が起こりやすい．

　リン酸の配位子交換反応は，リン酸が鉄やアルミニウムに配位した水酸基を表面から引き離し，そこに直接配位して吸着する様式である．土壌中で配位子交換反応を行うサイトは，二次鉱物中の主に鉄やアルミニウムに配位した表面水酸基である．時間経過が伴うと，配位子交換によって吸着したリン酸は鉱物粒子の内部に埋め込まれ，吸蔵態（occluded）と呼ばれる形態となると考えられている．吸着の程度が強くなるほどリン酸の土壌溶液への再放出が困難となるため，植物への可給性が著しく低下することになる．二次鉱物の種類によってリン酸吸着能は異なり，非晶質，低結晶質の鉄，アルミニウムの酸化物・水酸化物（Wang et al., 2013），アロフェンなどが特に高い吸着能を示す．二次鉱物によるリン酸の吸着能は，一般に以下のような序列に従う（Brady &

Weil, 2008).

> 2：1型粘土鉱物≪1：1型粘土鉱物＜炭酸塩の結晶＜結晶質 Al, Fe 酸化物＜非晶質, 低結晶質 Al, Fe 酸化物, アロフェン

　土壌中の非晶質, 低結晶質の Al, Fe 酸化物・水酸化物鉱物は, 一般に粒子サイズが小さく, 大きな比表面積をもつことから, 土壌中の存在量が少なくてもリン酸保持に及ぼす影響は大きい. こうした二次鉱物を含む土壌の高いリン酸保持は, 陸域生態系における一次生産を制御する最も重要なプロセスの1つであると考えられている（Vitousek *et al.*, 2010）. 鉱物による沈殿や吸着反応は, 有機態リン化合物に対しても報告されている. たとえば, フィチン酸は, 方解石との沈殿（Celi *et al.*, 2000）や鉄酸化物への吸着（Jørgensen *et al.*, 2015）によって土壌固相へ取り込まれる.

　有機物もリンの取り込みに関与しており, たとえば, リン酸の保持は Al・Fe^-腐植複合体によってももたらされる（Giesler *et al.*, 2005）. 日本に広く分布する黒ボク土の高いリン保持能は, アロフェン質黒ボク土では非晶質アルミニウムが関与しているのに対し, 有機物含量の多い非アロフェン質黒ボク土では Al^-腐植複合体が関与している（Hashimoto *et al.*, 2012）.

C. 土壌のクロノシーケンスによる風化に伴うリンの化学形態の評価

　長い時間を要する化学的風化作用によるリンの可給性や形態変化を評価するために, クロノシーケンス（年代系列）と呼ばれる調査手法が用いられる場合がある. 土壌のクロノシーケンスは, 生成年代の異なる土壌を比較することで, 時間経過に伴うリンの行方に関する有用な情報を提供しうる（Hedin *et al.*, 2003）. たとえば, 土壌生成初期には一次鉱物（主にアパタイト）が主要なリンの供給源となり, 風化によって一次鉱物由来のリンが土壌溶液に供給されると, 植物がそれを吸収し, リターとして土壌に還すことで土壌中の有機態リンが増加する. また, 一次鉱物の風化によって生じた二次鉱物（粘土鉱物）にリンが保持されることで, 二次鉱物中のリンも増加し始める. さらに時間が経過すると, 土壌からのリンの損失による全リン含量の減少とともに植物による利用が困難な難溶性・不溶性（吸蔵態）のリン画分が増大していく（図3.5）（Walker & Syers, 1976; Wardle *et al.*, 2004; Hedin *et al.*, 2003）. こうしたこと

第3章　流域から河川へのリン流出機構

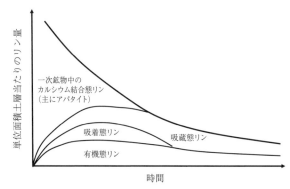

図3.5　時間経過に伴う土壌中のリンの形態と量の変化
Walker & Syers (1976) を改変．

から，土壌生成年代の古い生態系では，全リン含量の減少と植物による難利用性のリン画分の増大のため，リンによって一次生産が制限されると考えられている（Chadwick et al., 1999）．Walker & Syers (1976) によって示されたこの古典的なモデルは，多くの研究で立証されてきているが，熱帯域に比べて温帯域における知見は限られている．

　これを植物の視点で見てみると，植物に対するリンの給源と可給性が時間経過とともに変化すると解釈できる．土壌生成過程の初期には，植物は風化しやすい一次鉱物からリンを獲得していると考えられ，一次鉱物由来のリンが枯渇するにつれ，次第に一次鉱物からのリンを獲得することが困難になる（Turner et al., 2007）．その結果，成熟した生態系では，リンの給源を有機態画分や二次鉱物中の難溶性画分に大きく依存することになるだろう．このように，森林生態系のリン循環システムは一次鉱物のリンの多少によって異なり，一次鉱物のリンに富む場所では「獲得型システム」が発現し，一方で，時間の経過とともに一次鉱物のリンが不足した場所では，土壌と植物の間の密接な「再循環型システム」が重要な様式となるという仮説が提唱されている（図3.6）（Lang et al., 2016）．

　これを溶脱や流出の視点で見ると，獲得型システムでは，植物に吸収しきれない風化由来の余剰分のリンがロスしやすいと考えることができる（図3.6）．Hedin et al. (2003) は，ハワイのクロノシーケンス研究で，風化しやすいリン

3.2 森林流域におけるリンの循環と流出機構

図 3.6 難透水性の母岩上にある傾斜森林におけるリンの側方輸送と再分配
リン獲得システム（左）とリン再循環システム（右）における地表面流，浅層流，深層流の経路．矢印の太さはフローの大きさを表す．側方のリン輸送の矢印の太さはよくわかっていない．Bol *et al.* (2016) より引用．

含量（カルシウム結合型 P）の多い集水域ほど河川水および土壌水の無機態リン濃度が上昇することを示した．しかし，土壌中におけるリンの化学形態の変化とリンの流出を結びつけた事例はほとんど見られないのが現状である．

クロノシーケンス研究は，土壌中のリンの含量や形態に及ぼす「時間」の影響を検出するために，侵食の影響の少ない平坦な地形上で実施されたり，平坦な地形を前提とすることが多いが，たいていの景観では，特に森林生態系は地形勾配をもっている．そのため景観レベルでは，時間経過とともに侵食による土壌の更新（若返り）も進行するし，沈着や隆起といった外的な要因によるリンの加入も起こっていると考えられる．したがって，時間が土壌リンの損失の主要な駆動力とする考えがある一方で，特に土壌リンの緯度勾配を説明する際には，基岩の年代よりもリンの溶脱や吸蔵化の速度がより強い制御因子となるとする考えもある（Porder *et al.*, 2011）．

D. 河川水中リン濃度に及ぼす表層地質の影響

流域の表層地質は母岩の風化作用を介して河川水中リンの起源となるため，その性質はリン濃度の主要な支配要因と考えられる．若松ほか（2006）は，日本各地で観測された森林河川水質のリン酸濃度データ（$n=1,244$）を網羅的に解析した結果，表層地質が河川水中のリン酸濃度の空間分布を説明する第一義的に重要な要因であり，リン酸濃度は，堆積岩＞火成岩＞変成岩を主体とする集水域の順に高かったと報告した．カナダオンタリオ州南部の 24 の森林集

第3章　流域から河川へのリン流出機構

水域の調査でも，火成岩よりも堆積岩の分布する集水域でリンの流出量が多いとされた（Dillon & Kirchner, 1975）．一方，Zhangほか（2008）は，日本の5地域（東京，長野，愛知，三重，高知）での観測の結果，最も高いリン酸濃度は泥質岩，砂岩，チャート地帯（東京）で観測されたものの，最も低い濃度も古生代堆積岩の砂岩地帯（愛知）で観測されたと報告した．またニュージーランドの調査では，リン酸濃度は堆積岩地帯よりも火成岩地帯で濃度が高い傾向にあった（McGroddy *et al.*, 2008）．このように，地質とリン酸濃度の関係は一様な傾向を示しているわけではなく，堆積岩地帯で高いリン濃度を示す場合もあればそうでない場合もある．これは，多様で不均質な組成である堆積岩の性質を反映した結果と思われる．リン濃度の違いを地質で説明するには，堆積岩の岩石種の情報等を含む空間解像度の高い地質情報が必要と思われる．

一方，火成岩の岩石種別では，より明瞭に河川水リン濃度に影響するようである．上で紹介した若松ほか（2006）の解析では，河川水のリン濃度は，安山岩（火山岩，中性岩）＞花崗岩（深成岩，酸性岩），玄武岩（火山岩，塩基性岩）＞流紋岩（火山岩，酸性岩）の順であった．駒井（2004）も火成岩からなる4つの渓流の全リン濃度の違いを岩質の違いで説明し，相対的に塩基性の岩質（安山岩）のほうが酸性の岩質（流紋岩）よりも濃度が高いことを指摘した．これは，リンの含量が酸性岩よりも塩基性岩で高いことによると考察された（若松ほか，2006；駒井，2004）．ニュージーランドの調査では，花崗岩，玄武岩，および安山岩の集水域において流紋岩の集水域よりも高い傾向にあった（McGroddy *et al.*, 2008）．

岩石・土壌の化学風化作用が，河川水中のリン濃度の空間分布を制御する重要な地球化学プロセスである可能性が指摘されている．若松ほか（2006）は，河川水中のDIP濃度とSiO_2濃度の間に正の相関関係を認め，土壌中の主要なリン酸塩鉱物であるアパタイトの溶解度がケイ酸塩鉱物と同様，酸性条件下で大きいことから，リンとSiO_2が，リン酸塩鉱物とケイ酸塩鉱物の化学風化に伴って供給された結果であると考察し，河川水中リン供給に及ぼす化学風化の重要性を指摘した．

3.2.3 植物のリン獲得戦略と植生や森林管理がリン濃度に及ぼす影響

　植物は主にリン酸を土壌から吸収するが，薄く分布する土壌溶液中のリン酸や難溶性の無機態および有機態の画分から，植物はどのようにリンを獲得しているのだろう．植物の低リン適応戦略には大きく2つあり，土壌中のリンの効率的な吸収と植物体内でのリンの有効利用が挙げられる．前者には，根の滲出物の分泌，菌根菌との共生，クラスター根の形成などが，後者には落葉前の転流などが挙げられる．ここでは，まず菌根菌を例とした植物のリン獲得戦略を紹介し，次に，植生や森林管理による土層内や河川水中のリン濃度に及ぼす事例を紹介しよう．

A. 菌根菌との共生による植物のリン獲得戦略

　多くの植物は菌根菌と共生関係を構築している．根への炭素配分を増大させて菌根菌というパートナーを得ることは，リン欠乏を緩和するための植物の戦略の1つである．真菌類が植物の根に侵入して形成した共生体を菌根と呼び，菌根を作る菌類を菌根菌という．樹木に共生する菌根菌は根組織への侵入の様式によって，外生菌根菌と内生菌根菌（アーバスキュラー菌根菌）に大別され，両者は菌根を形成し，リン吸収のための表面積を増大させることで，植物のリン獲得能力を増大させる．アーバスキュラー菌根菌は，根内部から菌糸を土壌中に広く伸ばすことで，土壌溶液中のリン酸を菌糸を通して吸収する（Smith et al., 2011 など）．特にリンの欠乏した土壌において，この吸収促進メカニズムが働くと考えられている．

　植物根や根に共生した菌根菌の菌糸から分泌される有機酸は，吸着したリン酸を鉱物から取り出す作用をもつ．特に，クエン酸，リンゴ酸，シュウ酸はリンの可動化に関与する効果的な有機酸である（Ström et al., 2005）．これらの有機酸は，Fe，Al 水酸化物などに吸着したリン酸を配位子交換反応によって可溶化しうる．外生菌根菌は有機酸を分泌することで，吸着したリン酸を可溶化したり，鉱物の風化を促進させたりすると考えられている（Hoffland et al., 2004）．

　酸性フォスファターゼは，リン酸と有機分子間のエステル結合を加水分解し，

有機態リンを無機態リンへ変換する無機化のプロセスを担う酵素で，その結果，遊離したリン酸が植物に利用できるようになる．外生菌根菌は，土壌中の有機態リンを加水分解するためのこうした酵素を生産する（Häussling & Marscher, 1989; Read & Perez-Moreno, 2003）．

菌根との共生や根からの滲出物の分泌が，森林生態系のリンの生物地球化学循環にどの程度寄与しているかはよくわかっていない．Rosling *et al.*（2016）は，アーバスキュラー菌根菌区と外生菌根菌区では，有機態リンは外生菌根菌区でより多く可給化されたことを示し，広葉樹林のリン循環が，植物と共生する菌類によって駆動されるという可能性を指摘した．

B．河川水リンの濃度分布に及ぼす植生や森林管理の影響

森林の樹種構成は，源流域のDIP濃度にどの程度影響しているだろう．広葉樹の優占する集水域では，渓流水中のDIP濃度が針葉樹の優占する集水域よりも高い傾向にあるとされた（Zhang *et al.*, 2008; Binkley *et al.*, 2004）．北米の調査では，広葉樹（中央値 15 μg L^{-1}）のほうが針葉樹（中央値 4 μg L^{-1}）よりも高い傾向にあり，若齢林では100年以上の老齢林と比較して約2倍DIP濃度が高かったとされた（Binkley *et al.*, 2004）．ニュージーランドの原生林の調査では混交林でDIP濃度が高い傾向にあったが，樹種と地質が関連している場合が多く，効果の判断が難しいとされた（McGroddy *et al.*, 2008）．いずれの報告においても，樹種によるDIP濃度の違いをもたらす要因については詳しく考察されていない．

一方，伐採などの撹乱がDIP濃度に及ぼす影響は窒素に比べて大きくないようである．滋賀県における1990年から15年以上の長期モニタリングの結果，落葉広葉樹の伐採流域では，伐採後数ヶ月で粒子状リンの上昇が認められたものの，長期的には溶存態，粒子態ともに非伐採流域と比較してリン濃度に大きな違いは認められなかった（金子ほか，2006）．北米でも伐採によるDIP濃度への影響はほとんど確認されなかったとされた（Binkley *et al.*, 2004）．北方林の調査では，伐採と耕起によって土壌B層の土壌溶液のリン濃度の上昇が確認されたが，伐採後1〜2年の短期間の現象であったとされ，伐採に伴う土壌表層の有機物分解の促進と植物の吸収抑制によって土壌溶液へのリンの供給量は増加したが，下層植生の回復とスポディック層（鉄やアルミニウムなど

の集積層）への吸着によって溶脱が抑制されたと考察された（Piirainen et al., 2007）．

　適切な管理がされず荒廃した人工林からのリン流出の増大も指摘されている（井手ほか，2008；竹中ほか，2006）．樹冠が閉鎖することで下層植生が貧弱化し，林床が裸地化した荒廃したヒノキ人工林では，出水時に地表面流による土壌侵食が起こり，懸濁態リンの濃度を著しく上昇させた（井手ほか，2008）．表層土壌および侵食土壌の全リン含量は $0.5～0.8$ $g\ kg^{-1}$ で，その $80～85\%$ を有機態リンが占めることから，流出した懸濁態リンの給源は，分解で細片化したヒノキリターの寄与が大きいと推察された（竹中ほか，2006）．

3.2.4　土壌内，傾斜地，河畔域におけるリンの流出

　溶脱・流出に伴うリンの流出量は，樹木による吸収やリターによる土壌への還元，無機化といった森林の内部循環量に比べて小さい（表3.1）が，長期的にはリンの循環や収支を制御しうる．溶脱や流出をもたらすのは水循環に伴う水の移動であり，水の移動量，移動経路はリンの輸送を制御する（図3.1）．ここでは，土壌内，傾斜地–河畔域から河川に至るリンの流出とメカニズムを見てみよう．

A.　土壌溶液とリン濃度

　土壌溶液中には生物活動や鉱物の風化などに由来するさまざまな無機・有機化合物が溶存し，それらのリン画分も含まれている（3.1.3項D参照）．土壌の液相である土壌溶液は流域水循環プールの1つであり，その組成は動的な平衡を保ちながら絶えず変化している．植物は土壌溶液中のリン酸を吸収し，減少したリン酸は脱着と溶解プロセスによって土壌固相から土壌溶液へ補給される（図3.2）．

　森林生態系の土壌溶液中のリンの濃度は低く，概ね数百 $\mu g P\ L^{-1}$ 以内であり，その主要な形態は有機態であるとされる（Bol et al., 2016）．土壌溶液中の無機態リン濃度は，一般には土壌深度とともに低下するが，この要因は，表層におけるリター由来のリンの加入とその分解によるリン酸の供給，下層における鉱質土壌中でのAlおよびFe酸化物・水酸化物あるいは炭酸塩による吸着，カルシウムとの沈殿によるリン酸の保持のためであろう．一方，土壌溶液中の

溶存有機態リン（DOP）の存在量や化学形態についてはよくわかっておらず，生態系間，土壌型や深度によって異なると考えられる（Kaiser et al., 2003）．

フィンランドの針葉樹林のポドゾル土壌では，土壌溶液中のリン酸濃度はO層で100〜500 μgP L^{-1}，B層で数十 μgP L^{-1}程度であった（Piirainen et al., 2007）．ドイツのブナ林では，土壌溶液のDOP濃度は夏から秋にかけて上昇する明瞭な季節変動を示し，ピーク時の濃度は330〜400 μgP L^{-1}程度であった（Kaiser et al., 2003）．土壌溶液中のDOPの化学形態は，リン酸モノエステルとジエステルが主体であったとされた（Kaiser et al., 2003; Li et al., 2015）．DOCとDOPに強い正の相関が認められ，下層ほどDOC/DOP比が低く，林床から下層にかけて土壌溶液中の有機態画分の化学形態がほとんど変化しなかったため，有機態リンは吸着による相互作用や生物的な形態変化の影響をほとんど受けないことが示唆された（Kaiser et al., 2003）．ベルギーのオークとブナの混合林では，土壌溶液中の溶存全リン濃度は10〜80 μgP L^{-1}で季節変動を示さず，河川水のリン濃度の変動と対応していなかったと報告された（Verheyen et al., 2015）．

B. 土壌中のリンの移動

土壌中のリンの移動は，主に水の移動と鉱物組成に制御される．土壌中の溶質の移動は移流と拡散・力学的（水理学的）分散により行われ，根の近傍や土壌水が静止している時などは拡散が卓越する場合もあるが，多くの場合，移流が卓越する．有機物や鉱物粒子に保持されない溶質は水の移動と同一として扱いやすい一方，それらに保持される溶質では，保持される分，溶質の移動は水の移動よりも遅くなる．そのため，土層内にリン保持能の高い層が存在すれば，リンの下層への移動は大きく制限される．

リンの溶脱量の測定事例は非常に少ないが，その量は概ね 0.5 kgP ha^{-1}以下であり，土壌層位による溶脱量の差異が顕著である．また，溶脱リンに占める無機態（DIP）と有機態（DOP）の割合は，同程度かDOPの割合が高い傾向にあるようだ．フィンランドのポドゾル土のリン酸溶脱量は，E層（溶脱層）の 0.29 kgP ha^{-1}に対しB層で 0.021 kgP ha^{-1}であり（Piirainen et al., 2007），B層におけるリン酸の保持が示唆された．ドイツのブナ林でも同様の報告があり，下層のDIP溶脱量は林床の1/10程度であった（Kaiser et al., 2003）．Yanai

3.2 森林流域におけるリンの循環と流出機構

(1992) は，林床の溶脱量 0.30 kgP ha^{-1} y^{-1} に対し河川流出量は 0.02 kgP ha^{-1} y^{-1} であったため，林床を溶脱したリンが速やかに鉱質土壌に保持されたと考察した．一方，中国のリンに富む森林土壌（4,560 mgP kg^{-1}）のカラム試験では，0.01 M CaCl$_2$ 抽出リン含量とリンの溶脱量に正の相関が認められ，CaCl$_2$ で抽出されたリンの化学形態には，オルトリン酸のほか，リン酸モノエステル，リン酸ジエステルといった有機態画分も検出されたことから，土壌中のリンに富む森林生態系からの流出には，地表面流去水だけでなく無機態，有機態双方を含むリンの溶脱も考慮すべきであると指摘された（Li *et al.*, 2015）．DOP 溶脱量は，フィンランドのトウヒ林の O 層で 0.32 kgP ha^{-1}（Piirainen *et al.*, 2004），ドイツのブナ林の林床と下層でそれぞれ 0.52～0.62 kgP ha^{-1}，0.38～0.39 kgP ha^{-1} であり，DIP に見られた下層での大きな溶脱量の減少は認められなかったとされた（Kaiser *et al.*, 2003）．

C. 選択流によるリンの移動

土壌中の元素の下層への移動は，選択流と呼ばれる輸送プロセスに大きく制御される場合がある．選択流とは，土壌体積の大部分（マトリクス）をバイパスして土壌を通過する，水と溶質の速い流れである．選択流は，土層内の根が腐朽した後に残る管状孔隙，ミミズなどの土壌動物による孔道，巣穴，土壌の乾燥亀裂といった粗孔隙（マクロポア）を通して起こる．選択流の経路近傍の土壌は，マトリクスよりも土壌有機物の年代が若く，窒素循環速度が速いことが報告されている（Bundt *et al.*, 2001）．したがって，リンの流出に及ぼす選択流の機能には，2 つの特性が考えられる．1 つは選択流の近傍におけるリンの化学形態の特異性であり，1 つは選択流による降水に応答した速い水流に伴うリンの輸送である．

選択流の経路近傍と土壌マトリクスではリンの含量や化学形態が大きく異なるため，選択流の経路近傍における特異なリン動態の可能性が指摘されている．ノルウェーのポドゾル土上のトウヒ林では，土壌マトリクスよりも選択流近傍土壌で，高含量の C，N および Fe，高い C/N 比，低い pH が認められ（Bogner *et al.*, 2012），リンの化学形態や動態への影響が示唆された．ドイツの温帯ブナ林土壌では，染色トレーサー実験によって選択流の経路を可視化し，選択流の経路周辺とマトリクスの土壌リン画分を比較した結果，選択流経路に易分

第3章　流域から河川へのリン流出機構

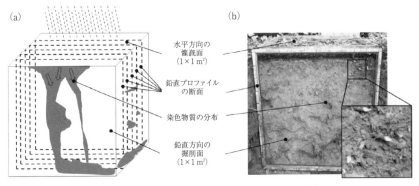

図3.7　選択流経路を可視化する染色トレーサー試験
(a) 土壌表面へ染色物質を施用（1×1 m²）し，一晩放置後，鉛直断面（1×1 m²）を得た．
(b) 鉛直断面の様子．黒枠の拡大図は，根や礫の表面に沿った流路が染色された様子を表している．Julich et al. (2017a) より引用，一部改変．　→口絵2

解性の有機態リンが集積する傾向にあるとされた（図3.7）(Julich et al., 2017a)．一方，選択流経路の種類によって，リンの形態や輸送に及ぼす影響が異なることも指摘されている．礫の表面に生じた選択流の経路近傍はリンの含量が低く，リンの速やかな輸送に関与していると考えられた一方，粗粒物や腐朽根に起因する選択流の経路では，非晶質三二酸化物とそれに関連したリン含量が多く，リンを蓄積する機能をもつと考えられた（Backnäs et al., 2012）．しかし，選択流によるリン流出の定量的な情報はほとんどない．

D. 傾斜地におけるリンの移動と出水時のリン流出

傾斜地では，土壌溶液の浸透は鉛直方向のみならず水平方向にも起こる．すなわち，平坦地では土壌溶液の鉛直方向の移動が根圏からのリンの流出をもたらす一方，傾斜地ではリンを水平方向にも分配する作用が働く．傾斜地においては，側方の選択流が浅層地下水の溶質輸送を決定する重要な流路であり（Uchida et al., 1999），溶存有機物の斜面下部土壌への輸送を説明しうることが報告されている（Hagedorn et al., 2000）．水平方向のリンの輸送は，斜面上部のリンを枯渇させる一方，斜面下部の河畔域などのリンを富化させる可能性がある．また，傾斜地森林における降雨や融雪といった出水時には，出水の始まりから終わりにかけて水の流出経路や滞留時間が変動するため，リンの濃度や流出量に大きな影響を及ぼすと考えられる．

地形傾度に沿って土壌リン含量が異なることが報告され，その要因は，侵食や移流による輸送プロセスを反映した結果であると考えられている．ニュージーランドの常緑林の土壌中のリン含量は，斜面上部の尾根（23〜136 mgP kg^{-1}）から下部の河岸（32〜744 mgP kg^{-1}），ガリ（降水によって地表が削られてできた溝状の地形；440〜1,214 mgP kg^{-1}）にかけて上昇し，窒素や炭素と比較してリン含量の変動が最も地形の影響を受けやすかった（Richardson, et al., 2008）．森林の急な勾配は土壌の侵食によるリンの輸送をもたらす．大気から供給された放射性核種（セシウム 137 および鉛 210）をトレーサーとし，土壌や河川堆積物に捕捉されたそれらの分布を調べることで侵食土砂量を推定することができる．オーストラリアの森林と草地において侵食によるリン流出の表層と下層の寄与率を推定した結果，勾配が 8%〜>20% の森林におけるリンの侵食量は草地の 8 倍であり，侵食リン量に占める表層と下層の寄与はそれぞれ 61%，31% であったとされた（Wallbrink et al., 2003）．

　河川における出水とは，降雨や融雪などにより河川流量が増加する現象を指し，出水イベントはリンの河川流出量を大きく増大させる．出水時には懸濁物質の流出に伴い河川水中の粒子状リン濃度が上昇し，その要因は表面流去水と考えられている一方で，溶存態リンの動態に関する知見は乏しい．出水時の粒子状リン濃度は，流量増加に応答して基底流時の 4〜50 倍に上昇し，SS（懸濁物質）濃度と正の相関が認められたことから，高濃度の粒子状リンは傾斜地森林の地表面流去水に由来したと推察された（Zhang et al., 2007）．流出の初期に鋭い全リン濃度のピークが認められた事例もある（Verheyen et al., 2015）．一方，溶存態リンは地表面流去水と浅層地下水の双方に由来したと推察され，リンの形態によって流出経路が異なることが指摘された（Zhang et al., 2007）．リン酸については出水時の顕著な濃度上昇は確認されず，基底流時よりも低下する場合も認められている（Zhang et al., 2007）．DOP の出水時の挙動に関する情報はほとんどないが，源流域河川水中の DOC（溶存有機炭素）の流出は，地下水，不飽和帯の土壌溶液（河畔域と河畔域外），雨水をエンドメンバーとする流出寄与の推定によって，基底流時には地下水の寄与が大きかったのに対し，出水時には河畔域を含む土壌溶液の流出寄与が大きくなったことが示され（Gaelen et al., 2014），土壌溶液中の DOC と高い相関のある DOP（Kaiser et al., 2003) も河畔域から流出している可能性がある.

E. 河畔域におけるリンの動態

　河畔域は，土壌水が渓流水に流入する直前に通過する陸域と水域の境界であり，生物地球化学と水文プロセスの双方の影響を強く受ける特徴的な水質形成の場と認識され，渓流水中のリン濃度にも影響を及ぼすと予想される．すなわち，源流域河川のリン動態が，隣接する河畔域の土壌の性質や土壌中の物質の動態と密接にリンクしていると考えられる．農地河川流域の例では，河川水中のリン濃度は，流域全体の土壌リン含量よりも河川近傍60m以内の土壌リン含量と相関していたという報告がある（Gburek et al., 2000）．

　河畔域におけるリンの移動と保持は，リンの給源，水文プロセスによる輸送，生物地球化学プロセスによる形態変化に支配され（Vidon et al., 2010），河畔域はリンのシンクにもソースにもなりうる（Liu et al., 2014）．酸化的な土壌では，リンは土壌粒子に固定されやすいのでその移動は制限されるが，河川の氾濫などで土層内が還元状態になると，鉄の還元に伴ってリンが放出され，河川へのソースとなりうる（Chacón et al., 2008）．Chacónら（2008）は，氾濫強度の異なる河畔林土壌のリンの形態を調査した結果，氾濫強度の高い土壌（8ヶ月浸水）では，土壌中リンの易溶性画分と鉄およびアルミニウム結合態画分が増加したとし，酸化還元に鋭敏に反応する鉄の水和酸化物に結合したリンが，還元状態で増加するリンの給源であると説明した．カナダオンタリオ州南部の砂質土壌の河畔域では，高い溶存酸素濃度（>3 mg L^{-1}），低濃度のSRP（<2 μg L^{-1}），低濃度の二価鉄（Fe^{2+}<0.2 mg L^{-1}）を観測した一方，河川バンク近傍の埋没流路堆積物（buried channel sediments）では，SRP濃度は高く（50〜950 μgP L^{-1}），溶存酸素濃度の低下と二価鉄の濃度上昇（>1 mg L^{-1}）を伴った（Carlyle et al., 2001）．このように，堆積物（主に鉄）に結合したリンが高含量で存在し，比較的大きな地下水流があり，還元状態にある河畔域は，河川へのリン流出のホットスポットになりうる（Vidon et al., 2010）．一方で，保存性の高いCl$^-$をトレーサーとした試験によると，河畔域と河川の間の水文経路の強い連結が明らかとなったものの，河川水と河畔域地下水のSRP濃度は明確な相関を示さなかったため，河畔のリン動態と河川水との結びつきは強くないと考察されるなど（Bernal et al., 2015），場所によって河畔

3.2 森林流域におけるリンの循環と流出機構

域での反応が異なることも示されてきた．河畔域のリン動態に関する研究は，隣接した農地からのリン負荷に対する保持能に着目した例が多く（Hoffmann *et al.*, 2009），源流域の河畔域における研究事例は少ない．

河畔域の下層土が重要な河川水中リンの給源になっている可能性もある．アメリカ合衆国アイオワ州の8つの河畔林で3.6 m までの元素含量の鉛直分布を測定したところ，窒素と炭素は表層から下層にかけて含量が低下した一方で，リン含量（平均574 mgP kg^{-1}）の鉛直分布に規則性は認められず，最大値（1,792 mgP kg^{-1}）は下層2.7 m で観測された（Schilling *et al.*, 2009）．下層に堆積したリンが土壌–植物の相互作用を経ずに河川へ到達することも十分考えられる．河岸の侵食は河川水中リンの給源であるため，河岸の侵食によるリン負荷量の影響を適切に評価するために，河岸のリンの鉛直プロファイル情報を取得することの重要性が指摘されている（Miller *et al.*, 2014）．河畔域における下層土と層位は，リンの流出において特に考慮されるべき重要な要素であろう．

3.2.5 河川内におけるリンの保持と循環

河川に流入したリンは，河川内でも生物，非生物双方のプロセスの影響を受け，一時的な除去や放出，形態変化によってその動態が制御されている（図

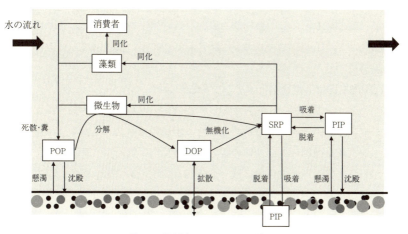

図3.8　河川内におけるリンの流れ

第3章　流域から河川へのリン流出機構

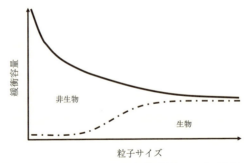

図3.9　堆積物の粒子サイズによるリンの吸着（非生物）と吸収（生物）容量の概念図
実線は全緩衝容量を表し，点線は，非生物的な吸着から付着藻類などの一次生産者による生物的な吸収への移行を表す．Lottig & Stanley（2007）を改変．

3.8）．すなわち，河川水中のリン濃度や流出量は，河川に流入したリンの形態と量，河川堆積物や河床生物との反応性，河川内での水の滞留時間に依存して変動している．たとえば，河川内における夏季の一時的なリン除去は，基底流量時の付着藻類などの吸収や堆積物の吸着によって起こる一方，高流量時には，リンの大部分は河川の生物地球化学プロセスに取り込まれずに流下してしまうであろう．また，河川堆積物の粒子サイズは河川水中のリン濃度を制御する重要な要素であり，リンの保持能と保持プロセスの双方に影響する．すなわち，リンの保持能は粒子サイズが小さいほど大きく，保持プロセスは，粒子サイズが小さい時は非生物的な吸着反応が主体となる一方，粒子サイズが大きくなると付着藻類などによる生物的な吸収反応の寄与が大きくなると考えられている（図3.9）（Lottig & Stanley, 2007）．ここでは，河川内プロセスによるリンの保持や循環を見てみよう．

A．河川内における堆積物によるリンの取り込み

　鉱物とリンの間の吸着／脱着反応は，溶液中のリン動態を制御する重要なプロセスであるが，それは土壌中だけでなく河川内でも起こりうる．すなわち，河川水と河川堆積物の間のリンの吸着／脱着反応が河川水質を制御している可能性がある．特に源流域河川は浅く酸化的な環境である場合が多いので，堆積物中のリンは河口のような還元による形態変化は起こりづらく，岩石中の形態を比較的保持していると考えられる（駒井・中島, 1994）．そのため，流域の地質や土壌特性を反映した河川堆積物の組成によって，流域間の吸着／脱着プ

ロセスの程度は異なると考えられる.たとえば,鉄やアルミニウム酸化物および水酸化物含量の高い二次鉱物を有する土壌を主体とする流域では,河川堆積物も類似の組成をもつためリンの吸着能が高いであろう.

河川堆積物の河川水中のリン除去に及ぼす影響は,河川堆積物の組成によって異なることが多数報告されている(House & Denison, 2002).カルシウム供給量の多い硬水河川では,光合成によるpHの上昇に伴って生じる方解石($CaCO_3$)とリン酸の共沈がリン濃度を制御する重要なメカニズムであり,その量は底質表面の藻類バイオフィルムの乾燥重量の30%に相当したとされた(House, 2003).しかし自然の生態系では,河川堆積物はさまざまな鉱物,有機物,微生物の混合物であるため,単一の鉱物との相互作用のみで河川水中のリン濃度を評価することは困難である.

このような河川堆積物とリン濃度との複雑性に対処するための単純なパラメータとして,堆積物による正味の吸脱着がゼロとなる平衡リン濃度(EPC_0: equilibrium phosphorus concentration zero)が提唱されてきた(Froelich, 1988).EPC_0は,さまざまな初期リン濃度の溶液で堆積物を振盪した時のリン固定量と溶液中の平衡リン濃度(EPC)の関係から評価される(図3.10).初期リン濃度が低濃度であれば堆積物はほとんどのリンを溶液から除去し,初

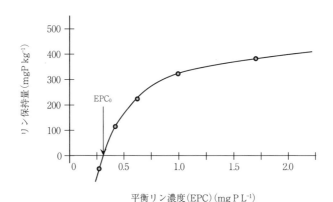

図3.10 初期リン濃度の異なる溶液で堆積物を振盪した時のリン保持量(溶液からのリンの減少量)と溶液の平衡リン濃度(EPC)の関係
初期リン濃度が平衡リン濃度と等しい時,その堆積物は見かけ上,リンを溶液から除去もせず溶液への供給もしない.すなわち,$EPC=EPC_0$である.溶液の初期リン濃度がEPC_0よりも低い場合,堆積物はリンを放出する(リン保持量は負となる).

期リン濃度を上昇させると堆積物はより多くのリンを保持する．さらに高濃度のリンを含む溶液を使用すると，堆積物のリン吸着サイトが飽和し，溶液中にリンが残存するようになり，堆積物の最大リン固定量に達する．溶液の初期リン濃度が平衡リン濃度と等しいならば，堆積物は，見かけ上リンを除去もせず供給もしていない（リンの吸脱着量はゼロとなる）．この時の平衡濃度がEPC_0である．EPC_0と河川水中SRP濃度の関係は，たとえば，河川水中SRP濃度がEPC_0の値よりも高い場合，河川堆積物はリンの吸着体として働き，逆に河川水中SRP濃度がEPC_0の値よりも低いと，河川堆積物はリンの放出源となることを意味する．ニュージーランドの76河川（集水域に農地を含む河川もある）で測定されたEPC_0は$4〜65\ \mu g\ L^{-1}$で，基底流時の河川水中SRP濃度と有意な正の相関にあり，堆積物がSRP濃度の制御要因であることが示唆された（McDowell, 2015）．一方，高流量時にはEPC_0とSRP濃度の間には明瞭な関係が認められない場合もあり（Stutter & Lumsdon, 2008），EPC_0は，堆積物と河川水のリンの交換が平衡に達すると考えられる基底流量時のSRP濃度の予測に有用であると考えられる．市街地を流れるフランスセーヌ川の調査では，堆積物からのSRPの放出の75%は（SRP濃度の低下する）高流量時に起こることがモデル解析によって示された（Vilmin *et al.*, 2015）．一方，洪水などによって河床の堆積物の組成が大きく変わると，EPC_0の値も変動すると考えられる．

EPC_0の制御要因には，溶液のpH，酸化還元電位，Ca濃度，アルカリ度，堆積物のAl/Fe酸化物・水酸化物含量（House & Denison, 2000），河川堆積物の利用可能なリン含量（NH_4Cl抽出）や粒子サイズ，集水域の勾配や標高（McDowell, 2015）などが挙げられている．

B. 河川内における生物によるリンの取り込み

源流域河川内の生物によるリンの吸収は，主に河床の生物（たとえば，付着藻類や微生物）による同化を通して起こり，河川水中のリンの動態を制御している．こうした河床生物による吸収プロセスは，河川水中のリン濃度の季節変動（3. 2. 1項D）を説明する可能性がある．

河川生物による栄養塩の取り込みを表す指標として，栄養塩螺旋（スパイラル）メトリクスが用いられている．栄養塩スパイラルメトリクスは，一般に，

栄養塩が生物に取り込まれるまでの流下距離（S_w, m），栄養塩の河床への鉛直移動速度（V_f, mm min^{-1}），河床面積当たりの栄養塩の取り込み速度（U, μg m^{-2}, min^{-1}）で表される．栄養塩スパイラルメトリクスの測定は，目的の栄養塩を河川に添加して（栄養塩添加法）河川流下に伴う栄養塩濃度の減衰過程を追跡したり，安定同位体で標識した化合物を添加（安定同位体トレーサー法）したりして求められる．S_w が短いほど，V_f および U が速いほど，底生生物による栄養塩の利用効率が高いということになる．52 の既往の論文を整理し一次河川における PO$_4$ のスパイラルメトリクスを集計した結果によれば，S_w, V_f, U の中央値はそれぞれ 59 m（$n=104$），2.8 mm min^{-1}（$n=64$），6.9 μg m^{-2}, min^{-1}（$n=57$）とされ，低次河川ほど S_w が短いことが明らかとされた（Ensign & Doyle, 2006）．これは，小河川ほど水深が浅く，河川水に対する河床の面積が広いため，栄養塩と底生生物との接触機会が増すことで効率的に栄養塩を利用できることを表していると考えられる．

前述（3.2.5 項 A）のような堆積物への物理・化学的な保持も含まれるため，リンのスパイラルメトリクスは河床生物の吸収のみを表しているわけではないが，河川内呼吸速度を評価することで，リンの生物による吸収を支持する結果が得られている．リンのスパイラルメトリクスと河川内呼吸速度を同時に測定したリン添加実験によれば，SRP の鉛直移動速度（V_f）と呼吸速度に有意な正の相関が認められたことから，河川内生物によるリン吸収の卓越が示唆され，さらに，堆積物の礫（中礫，巨礫）の割合が高いほど V_f が高い傾向にあったことから，礫表面の付着藻類やコケ類が SRP の吸収に関与したと推察された（Hoellein et al., 2007）．また，葉の展開前の 3〜4 月に，河川内の光合成有効放射量と河川内の総生産量および呼吸量が最大値を記録し，当該期の河川水リン濃度の低下と比較的よく対応したことから，河床生物によるリンの吸収が示唆された（図 3.11）（Roberts et al., 2007）．一方，河川内の正味の SRP 取り込み速度（μg m^{-1} s^{-1}）はマイナスを示し，河川内がリンの供給源となっていることを示した事例もある（Bernal et al., 2015）．

河川内での栄養塩の取り込みは，さまざまな環境要因に影響されることが示されてきた．流速や流量に影響する流域のサイズは，スパイラルメトリクスの第一に重要な要素であるが，同一の流域サイズの河川長スケールでは，たとえ

第3章　流域から河川へのリン流出機構

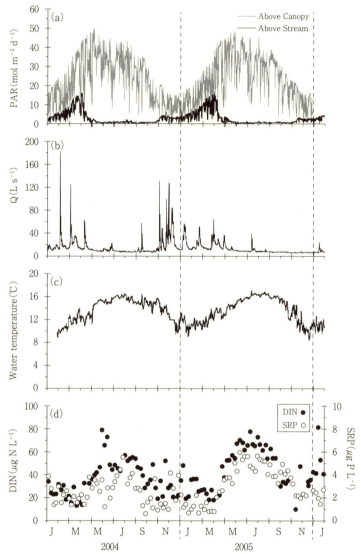

図3.11　(a) 林冠と河川面の光合成有効放射量 (PAR, mol photons m^{-2} day^{-1}), (b) 平均流量 (Q, L s^{-1} day^{-1}), (c) 日平均水温 (℃), (d) 隔週の溶存無機態窒素 (DIN: μg N L^{-1}), 溶存反応性リン (SRP: μg P L^{-1}) 濃度
Roberts et al. (2007) より引用.

ば，栄養塩の吸収は，生物膜（バイオフィルム：表面に付着して発達した微生物群集）を定着させる場を提供する木質片の有無や，光量に左右される藻類バイオマス量（Sabater et al., 2000）にも影響されうる．したがって，河川内への光や有機物の供給を制御する河畔の植生管理は，河川内の生物プロセスに大きな影響を及ぼし（Sabater et al., 2000），リンの動態を制御している可能性がある．

おわりに

　リンは生態系の必須元素であるにもかかわらず，河川源流域におけるリンの濃度やフラックスに関する質的，量的なデータは，炭素や窒素と比べて驚くほど不足している．データの欠如は，源流域のリンの循環と流出をつなぐメカニズムの理解を不十分なままにする要因となっている．今後，森林生態系のリン輸送に焦点を当てた研究をさらに進める必要があり，特に以下が焦点を当てるべき領域であると指摘されている（Bol et al., 2016）．(1) 土壌中の無機態リン，DOP，コロイド態リンの化学形態とそれらの溶脱の評価，(2) 森林生態系の流域スケールでのリン流出の評価，(3) 風化によるリンの放出速度の評価，(4) リンの大気沈着量の評価，(5) 土壌リンの空間的不均質性の評価，(6) 植物吸収，無機化，溶脱の間の動的な相互作用の評価，(7) 河川内プロセスの評価．こうしたリンの循環と流出のさらなる理解と定量データの取得は，リン循環の将来予測モデルの改良にもつながるであろう．

引用文献

Alexander, R. B., Smith, R. A. *et al.* (2000) Effect of stream channel size on the delivery of nitrogen to the Gulf of Mexico. *Nature*, **403**, 758–761.

Backnäs, S., Laine-Kaulio, H. *et al.* (2012) Phosphorus forms and related soil chemistry in preferential flowpaths and the soil matrix of a forested podzolic till soil profile. *Geoderma*, **189–190**, 50–64.

Benning, R., Schua, K. *et al.* (2012) Fluxes of nitrogen, phosphorus, and dissolved organic carbon in the inflow of the Lehnmühle reservoir (Saxony) as compared to streams draining three main land-use types in the catchment. *Adv Geosci*, **32**, 1–7.

Bernal, S., Lupon, A. *et al.* (2015) Riparian and in-stream controls on nutrient concentrations and fluxes in a headwater forested stream. *Biogeosci*, **12**, 1941–1954.

第3章　流域から河川へのリン流出機構

Binkley, D., Ice, G. G. *et al.* (2004) Nitrogen and phosphorus concentrations in forest streams of the United States. *J Am Water Resour Assoc*, **40**, 1277–1291.

Bogner, C., Borken, W. *et al.* (2012) Impact of preferential flow on soil chemistry of a podzol. *Geoderma*, **175–176**, 37–46.

Bol, R., Julich, D. *et al.* (2016) Dissolved and colloidal phosphorus fluxes in forest ecosystems—an almost blind spot in ecosystem research. *J Plant Nut Soil Sci*, **179**, 425–438.

Bonifacio, E., Barberis, E. (1999) Phosphorus dynamics during pedogenesis on serpentinite. *Soil Sci*, **164**, 960–968.

Brady, N. C., Weil, R. R. (2008) *The nature and properties of soils*. 14th edition, pp. 975, Pearson Education, Inc.

Bundt, M., Jäggi, M. *et al.* (2001) Carbon and nitrogen dynamics in preferential flow paths and matrix of a forest soil. *Soil Sci Soc Am J*, **65**, 1529–1538.

Carlyle, G. C., Hill, A. R. (2001) Groundwater phosphate dynamics in a river riparian zone: effects of hydrologic flowpaths, lithology and redox chemistry. *J Hydrol*, **247**, 151–168.

Celi, L., Lamacchia, S. *et al.* (2000) Interaction of inositol phosphate with calcite. *Nut Cyc Agroecosys*, **57**, 271–277.

Chacón, N., Dezzeo, N. *et al.* (2008) Seasonal changes in soil phosphorus dynamics and root mass along a flooded tropical forest gradient in the lower Orinoco river, Venezuela. *Biogeochem*, **87**, 157–168.

Chadwick, O. A., Derry, L. A. *et al.* (1999) Changing sources of nutrients during four million years of ecosystem development. *Nature*, **397**, 491–497.

Dillon, P. J., Kirchner, W. B. (1975) The effects of geology and land use on the export of phosphorus from watersheds. *Water Res*, **9**, 135–148.

Dillon, P. J., Molot, L. A. *et al.* (1991) Phosphorus and nitrogen export from forested stream catchments in central Ontario. *J Environ Qual*, **20**, 857–864.

Ensign, S. H., Doyle, M. W. (2006) Nutrient spiraling in streams and river networks. *J Geophys Res*, **111**, G04009.

Filippelli, G. M. (2002) The global phosphorus cycle. *Rev Mineral Geochem*, **48**, 391–425.

Froelich, P. N. (1988) Kinetic control of dissolved phosphate in natural rivers and estuaries: A primer on the phosphate buffer mechanism. *Limnol Oceanogr*, **33**, 649–668.

Furutani, H., Meguro, A. *et al.* (2010) Geographical distribution and sources of phosphorus in atmospheric aerosol over the North Pacific Ocean. *Geophys Res Lett*, **37**, doi: 10.1029/2009GL2041367.

Gaelen, N. V., Verheyen, D. *et al.* (2014) Identifying the transport pathways of dissolved organic carbon in contrasting catchments. *Vadose Zone J*, doi: 10.2136/vzj2013.11.0199.

Gardner, L. R. (1990) The role of rock weathering in the phosphorus budget of terrestrial watersheds. *Biogeochem*, **11**, 97–110.

Gburek, W. J., Sharpley, A. N. *et al.* (2000) Phosphorus management at the watershed scale: a modification of phosphorus index. *J Environ Qual*, **29**, 130–144.

Giesler, R., Andersson, T. *et al.* (2005) Phosphate sorption in aluminum- and iron-rich humus soils. *Soil*

Sci Soc Am J, **69**, 77-86.

Govindaraju, K. (1994) 1994 compilation of working values and sample description for 383 geostandards. *Geostandards Newsletter*, **18**, 1-158.

Hagedorn, F., Kaiser, K. *et al*. (2000) Effects of redox condition and flow processes on the mobility of dissolved organic carbon and nitrogen in a forest soil. *J Environ Qual*, **29**, 288-297.

Hartmann, J., Moosdorf, N. (2011) Chemical weathering rates of silicate-dominated lithological classes and associated liberation rates of phosphorus on the Japanese Archipelago-Implications for global scale analysis. *Chem Geol*, **287**, 125-157.

Hartmann, J., Moosdorf, N. *et al*. (2014) Global chemical weathering and associated P-release-The role of lithology, temperature and soil properties. *Chem Geol*, **363**, 145-163.

Hashimoto, Y., Kang, J. *et al*. (2012) Path analysis of phosphorus retention capacity in allophanic and non-allophanic Andisols. *Soil Sci Soc Am J*, **76**, 441-448.

Häussling, M., Marschner, H. (1989) Organic and inorganic soil phosphates and acid phosphatase activity in the rhizosphere of 80-year-old Norway spruce [Picea abies (l.) Karst.] trees. *Biol Fertil Soils*, **8**, 128-133.

Hedin, L. O., Vitousek, P. M. *et al*. (2003) Nutrient losses over four million years of tropical forest development. *Ecology*, **84**, 2231-2255.

平田健正・唐 常源 他 (1995) 筑波森林試験地における渓流水質の長期変動. 水工学論文集, **39**, 215-221.

Hoellein, T. J., Tank, J. L. *et al*. (2007) Controls on spatial and temporal variation of nutrient uptake in three Michigan headwater streams. *Limnol Oceanogr*, **52**, 1964-1977.

Hoffland, E., Kuyper, T. W. *et al*. (2004) The role of fungi in weathering. *Front Ecol Environ*, **2**, 258-264.

Hoffmann, C. C., Kjaergaard, C. *et al*. (2009) Phosphorus retention in riparian buffers: Review of their efficiency. *J Environ Qual*, **38**, 1942-1955.

House, W. A. (2003) Geochemical cycling of phosphorus in rivers. *Appl Geochem*, **18**, 739-748.

House, W. A., Denison, F. H. (2002) Total phosphorus content of river sediments in relationship to calcium, iron and organic matter concentrations. *Sci Tot Environ*, **282-283**, 341-351.

House, W. A., Denison, F. H. (2000) Factors influencing the measurement of equilibrium phosphate concentrations in river sediments. *Water Res*, **34**, 1187-1200.

Huang, L-M., Jia, X-X. *et al*. (2017) Soil organic phosphorus transformation during ecosystem development: A review. *Plant Soil*, doi: 10.1007/s11104-017-3240-y.

井手淳一郎・智和正明 他 (2008) 出水時における河川水中リンの濃度上昇を考慮したヒノキ人工林流域におけるリン収支. 水文・水資源学会誌, **21**, 205-214.

Imai, N., Terashima, S. *et al*. (1995) 1994 compilation values for GSJ reference samples, "Igneous rock series". *Geochem J*, **29**, 91-95.

今井 登・寺島 滋 他 (2004) 日本の地球化学図. pp. 209, 産業技術総合研究所地質調査総合センター.

Jørgensen, C., Turner, B. L. *et al*. (2015) Identification of inositol hexakisphosphate binding sites in soils by selective extraction and solution 31P NMR spectroscopy. *Geoderma*, **257-258**, 22-28.

Julich, D., Julich, S. *et al.* (2017a) Phosphorus in preferential flow pathways of forest soils in Germany. *Forests*, **8**, doi : 10.3390/f8010019.

Julich, S., Benning, R. *et al.* (2017b) Quantification of phosphorus exports from a small forested headwater-catchment in the eastern ore mountains, Germany. *Forest*s, **8**, 206.

Kaiser, K., Guggenberger, G. *et al.* (2003) Organicphosphorus in soil water under a European beech (Fagus sylvatica L.) stand in northeastern Bavaria, Germany : seasonal variability and changes with soil depth. *Biogeochem*, **66**, 287-310.

金子有子・國松孝男 他（2006）森林流出水および森林動態の長期モニタリング．滋賀県琵琶湖環境科学研究センター試験研究報告書，**3**，101-109．

Kang, H., Xin, Z. *et al.* (2010) Global pattern of leaf litter nitrogen and phosphorus in woody plants. *Ann For Sci*, **67**, 811.

駒井幸雄（2004）森林集水域におけるリンの収支と流出特性．水環境学会誌，**27**，591-594．

駒井幸雄・中島和一（1994）加古川流域に分布する岩石および河川底質中のリンの濃度と形態．水環境学会誌，**17**，744-752．

Lang, F., Bauhus, J. *et al.* (2016) Phosphorus in forest ecosystems : New insights from an ecosystem nutrition. *J Plant Nutr Soil Sci*, **179**, 129-135.

Li, M., Hu, Z. *et al.* (2015) Risk of phosphorus leaching from phosphorus-enriched soils in the Dianchi catchment, Southwestern China. *Environ Sci Pollut Res*, **22**, 8460-8470

Liu, X., Vidon, P. *et al.* (2014) Seasonal and geomorphic controls on N and P removal in riparian zones of the US Midwest. *Biogeochem*, **119**, 245-257.

Lottig, N. R., Stanley, E. H. (2007) Benthic sediment influence on dissolved phosphorus concentrations in a headwater stream. *Biogeochem*, **84**, 297-309.

Mahowald, N., Jickells, T. D. *et al.* (2008) Global distribution of atmospheric phosphorus sources, concentrations and deposition rates, and anthropogenic impacts. *Glob. Biogeochem. Cycles*, **22**, GB4026.

Maruo, M. (2016) Comparison of soluble reactive phosphorus and orthophosphate concentrations in river waters. *Limnology*, **17**, 7-12.

McDowell, R. W. (2015) Relationship between sediment chemistry, equilibrium phosphorus concentrations, and phosphorus concentrations at baseflow in rivers of the New Zealand. National River Water Quality Network. *J Environ Qual*, **44**, 921-929.

McGroddy, M. E., Baisden, W. T. *et al.* (2008) Stoichiometry of hydrological C, N, and P losses across climate and geology : An environmental matrix approach across New Zealand primary forests. *Glob Biogeochem Cycles*, **22**, GB1026.

Miller, R. B., Fox, G. A. *et al.* (2014) Estimating sediment and phosphorus loads from streambanks with and without riparian protection. *Agri Ecosyst Environ*, **189**, 70-81.

Newman, E. I. (1995) Phosphorus inputs to terrestrial ecosystems. *J Ecology*, **83**, 713-726.

Okin, G. S., Mahowald, N. *et al.* (2004) Impact of desert dust on the biogeochemistry of phosphorus in terrestrial ecosystems. *Glob Biogeochem Cycles*, **18**, GB2005 1-9.

Piirainen, S., Finer, L. *et al.* (2007) Carbon, nitrogen and phosphorus leaching after site preparation at a boreal forest clear-cut area. *Forest Ecol Manag*, **243**, 10–18.

Piirainen, S., Finer, L. *et al.* (2004) Effects of forest clear-cutting on the sulphur, phosphorus and base cations fluxes through podzolic soil horizons. *Biogeochem*, **69**, 405–424.

Porder, S., Hilley, G. E. (2011) Linking chronosequences with the rest of the world: predicting soil phosphorus content in denuding landscapes. *Biogeochem*, **102**, 153–166.

Porder, S., Ramachandran, S (2012) The phosphorus concentration of common rocks-a potential driver of ecosystem P status. *Plant Soil*, doi: 10.1007/s11104-012-1490-2.

Read, D. J., Perez-Moreno, J. (2003) Mycorrhizas and nutrient cycling in ecosystems-a journey towards relevance? *New Phytol*, **157**, 475–492.

Richardson, S. J., Allen, R. B. *et al.* (2008) Shifts in leaf N : P ratio during resorption reflect soil P in temperate rainforest. *Funct Ecol*, **22**, 738–745.

Roberts, B. J., Mulholland, P, J. *et al.* (2007) Multiple scales of temporal variability in ecosystem metabolism rates: Results from 2 years of continuous monitoring in a forested headwater stream. *Ecosystems*, **10**, 588–606.

Rosling, A., Midgley, M. G. *et al.* (2016) Phosphorus cycling in deciduous forest soil differs between stands dominated by ecto- and arbuscular mycorrhizal trees. *New Phytol*, **209**, 1184–1195.

Sabater, F., Butturini, A. *et al.* (2000) Effects of riparian vegetation removal on nutrient retention in a mediterranean stream. *J Nor A Benthol Soc*, **19**, 609–620.

Schilling, K. E., Palmer, J. A. *et al.* (2009) Vertical distribution of total carbon, nitrogen and phosphorus in riparian soils of Walnut Creek, southern Iowa. *Catena*, **77**, 266–273.

Smeck, N. E. (1985) Phosphorus dynamics in soils and landscapes. *Geoderma*, **36**, 185–199.

Smith, S. E., Jakobsen, I. *et al.* (2011) Roles of arbuscular mycorrhizas in plant phosphorus nutrition: interactions between pathways of phosphorus uptake in arbuscular mycorrhizal roots have important implications for understanding and manipulating plant phosphorus acquisition. *Plant Physiol*, **156**, 1050–1057.

Ström, L., Owen, A. G. *et al.* (2005) Organic acid behaviours in a calcareous soil implications for rhizosphere nutrient cycling. *Soil Biol Biochem*, **37**, 2046–2054.

Stutter, M. I., Lumsdon, D. G. (2008) Interactions of land use and dynamic river conditions on sorption equilibria between benthic sediments and river soluble reactive phosphorus concentrations. *Water Res*, **42**, 4249–4260.

竹中千里・田中拓朗 他（2006）荒廃したヒノキ人工林における物質循環：リンの流亡．水利科学，**288**, 32–41.

Tipping, E., Benham, S. *et al.* (2014) Atmospheric deposition of phosphorus to land and freshwater. *Environ Sci Processes Impacts*, **16**, 1608–1617.

Tsugeki, N. K. Agusa, T. *et al.* (2012) Eutrophication of mountain lakes in Japan due to increasing deposition of anthropogenically produced dust. *Ecol Res*, **27**, 1041–1052.

Tsukuda, S., Sugiyama, M. *et al.* (2006) Atmospheric phosphorus deposition in Ashiu, Central Japan-source apportionment for the estimation of true input to a terrestrial ecosystem. *Biogeochem*, **77**,

117–138.

Turner, B. L., Condron, L. M. *et al.* (2007) Soil organic phosphorus transformations during pedogenesis. *Ecosystems*, **10**, 1166–1181.

Uchida, T., Kosugi, K., *et al.* (1999) Runoff characteristics of pipeflow and effects of pipeflow on rainfall-runoff phenomena in a mountainous watershed. *J Hydrol*, **222**, 18–36.

Vaithiyanathan, P., Correll, D. L. (1992) The Rhode River watershed: Phosphorus distribution and export in forest and agricultural soils. *J Environ Qual*, **21**, 280–288.

Verheyen, D., Van Gaelen, N. *et al.* (2015) Dissolved phosphorus transport from soil to surface water in catchments with different land use. *Ambio*, **44**, 228–240.

Vidon, P., Allan, C. *et al.* (2010) Hot spots and hot moments in riparian zones: Potential for improved water quality management. *J A Wat Res Assoc*, **46**, 278–298.

Vilmin, L., Aissa-Grouz, N. *et al.* (2015) Impact of hydro-sedimentary processes on the dynamics of soluble reactive phosphorus in the Seine River. *Biogeochem*, **122**, 229–251.

Vitousek, P. M., Porder, S. *et al.* (2010) Terrestrial phosphorus limitation: Mechanisms, implications and nitrogen-phosphorus interactions. *Ecol Appl*, **20**, 5–15.

若松孝志・木平英一 他（2006）わが国における渓流水のリン酸態リン濃度とその規定要因．水環境学会誌，**29**，679–686．

Walker, T. W., Syers, J. K. (1976) The fate of phosphorus during pedogenesis. *Geoderma*, **15**, 1–19.

Wallbrink P. J., Martin C. E. *et al.* (2003) Quantifying the contributions of sediment, sediment-P and fertiliser-P from forested, cultivated and pasture areas at the landuse and catchment scale using fallout radionuclides and geochemistry. *Soil Till Res*, **69**, 53–68.

Wang, X., Liu, F. *et al.* (2013) Characteristics of phosphate adsorption-desorption onto ferrihydrite: comparison with well-crystalline Fe (hydr) oxides. *Soil Sci*, **178**, 1–11.

Wardle, D. A., Walker, L. R. *et al.* (2004) Ecosystem properties and forest decline in contrasting long-term chronosequences. *Science*, **305**, 509–513.

Worsfold, P., McKelvie, I. *et al.* (2016) Determination of phosphorus in natural waters: A historical review. *Anal Chim Acta*, **918**, 8–20.

Yanai, R. D. (1992) Phosphorus budget of a 70-year-old northern hardwood forest. *Biogeochem*, **17**, 1–22.

Zhang, Z., Fukushima, T. *et al.* (2007) Nutrient runoff from forested watersheds in central Japan during typhoon storms: Implications for understanding runoff mechanisms during storm events. *Hydrol Process*, **21**, 1167–1178.

Zhang, Z., Fukushima, T. *et al.* (2008) Characterisation of diffuse pollutions from forested watersheds in Japan during storm events-its association with rainfall and watershed features. *Sci Tot Environ*, **390**, 215–226.

Zhang, Z., Fukushima, T. *et al.* (2008) Baseflow concentrations of nitrogen and phosphorus in forested headwaters in Japan. *Sci Tot Environ*, **402**, 113–122.

第4章 土壌窒素動態の空間変動

浦川梨恵子

はじめに

森林生態系に存在する窒素の形態

　窒素（N）は，細胞核や葉緑体といった樹木の生育・成長に欠かせない組織の合成に必須の養分元素である．自然環境中で窒素は多種多様な化合物の形態で存在する．主に固体として存在する有機態窒素（organic nitrogen），水に溶けて存在するイオン態の窒素［アンモニウム態窒素（$NH_4^+ - N$：ammonium nitrogen），亜硝酸態窒素（$NO_2^- - N$：nitrate nitrogen），硝酸態窒素（$NO_3^- - N$：nitrate nitrogen）］，大気中に存在するガス態の窒素［アンモニア（NH_3：ammonia），窒素（N_2：dinitrogen），亜酸化窒素（N_2O：nitrous oxide），一酸化窒素（NO：nitric oxide），二酸化窒素（NO_2：nitrogen dioxide）］が環境中の窒素の形態として挙げられる（表4.1）．固相，液相，気相の3つすべてに存在し，無機態だけで8種類，酸化数は$-III \sim +V$と幅広い（表4.1）．このように存在形態が多様であることが，養分元素としての窒素の特徴である．

　土壌中の窒素化合物の合成過程（nitrogen transformations：窒素の形態変化）の多くは微生物により行われ，窒素は形態を変えながら固相-液相-気相間を目まぐるしく移動している（図4.1）．たとえば，土壌の固相に存在する有機態窒素は微生物の働きによってアンモニウム態窒素（$NH_4^+ - N$）へと無機化される（図4.1）．イオン態の$NH_4^+ - N$は，土壌中では液相に存在し，根を通じて水とともに樹木に吸収される一方で，一部は硝化菌により，亜硝酸態

第 4 章　土壌窒素動態の空間変動

表 4.1　環境中に存在する窒素化合物の種類と酸化数

酸化数	−III	0	+I	+II	+III	+IV	+V
窒素化合物	有機態窒素 R-NH$_2$ Organic nitrogen	窒素 N$_2$ Dinitrogen	亜酸化窒素 N$_2$O Nitrous oxide	一酸化窒素 NO Nitric oxide	亜硝酸 NO$_2^-$ Nitrite	二酸化窒素 NO$_2$ Nitrogen dioxide	硝酸 NO$_3^-$ Nitrate
	アンモニウム NH$_4^+$ Ammonium						
	アンモニア NH$_3$ Ammonia						

凡例：主に固体として存在／主に水溶態として存在／主に気体として存在

窒素（NO$_2^-$−N）を経て硝酸態窒素（NO$_3^-$−N）に変換される．NO$_3^-$−N もイオン態であるため土壌水中に溶存している．NH$_4^+$−N と同様，根を通じて樹木に吸収されるが，一部は脱窒菌により脱窒され，段階的に N$_2$ にまで還元されて大気に放出される．N$_2$ ガスは，根粒菌により NH$_3$ へと変換され（nitrogen fixation：窒素固定），宿主植物に受け渡されて植物体を構成する材料となる（これを共生的窒素固定と呼び，それ以外にも土壌には非共生的窒素固定を行うバクテリアも存在する）．植物体が枯死すれば，再び土壌固相の有機態窒素として取り込まれ，微生物による分解作用を受ける．

窒素の形態変化には独立栄養微生物（autotrophic microbes）と従属栄養微生物（heterotrophic microbes）の両方がかかわっている．彼らは窒素化合物やそれを含む有機物の酸化・還元反応を通して，エネルギーや細胞合成に必要な窒素化合物を得ている．従属栄養の微生物は有機物の酸化（呼吸）によって得られる NH$_4^+$−N を自らの細胞成長に用いたり（窒素無機化過程：nitrogen mineralization；4.1 節参照），NO$_3^-$−N を還元することによって有機物を酸化し，エネルギーを得ている（脱窒過程）．独立栄養の硝化菌は窒素化合物の酸化によって自身の活動エネルギーを得ている（硝化過程：nitrification；4.1 節参照）．

樹木は基本的に，水溶態の無機態窒素（inorganic nitrogen，主に NH$_4^+$−N と NO$_3^-$−N）の形態でしか窒素を吸収することができない．土壌中の窒素の大部分は，水に溶けない有機態窒素である．このため，樹木への窒素供給は，

はじめに

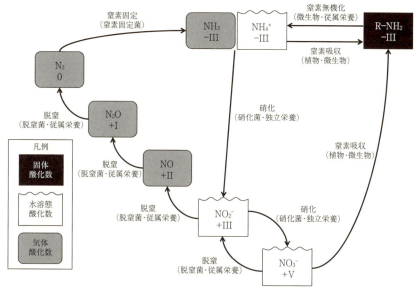

図 4.1　窒素化合物と形態変化

土壌微生物による窒素の形態変化（有機態窒素の無機化および硝化過程）に依存している．森林生態系における窒素循環を考える上で，窒素の形態変化を担う微生物の働きと，形態変化が起こっている場所の特性を把握し理解することが重要である．

森林生態系における窒素の循環

図 4.2 に森林生態系における窒素循環の模式図を示す．この図は，図 4.1 の窒素の形態変化が具体的に森林のどの場所で起こっているか示したものである．土壌中の有機態窒素は，もともとは樹木の体を構成していたもので，落葉落枝（litterfall：リターフォール）として森林の落葉層（O 層，オーそう，または A_0 層，エーゼロそう：organic layer, O-layer）に供給される．落葉層のことを有機質層位と呼ぶこともある．O 層の落葉落枝はミミズやトビムシなどの土壌動物の破砕を受けて細かくなり，鉱質土層（mineral soil layer）へ移行する．そして細片化した有機態窒素は土壌微生物により無機化され NH_4^+-N に形態変化し，さらに硝化菌の働きにより NO_3^--N に変換される．NH_4^+-N

第4章　土壌窒素動態の空間変動

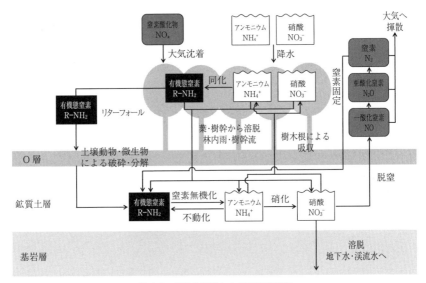

図4.2　森林生態系における窒素循環

と $NO_3^- - N$ は樹木の根から吸収されて，再び樹木の体を構成することになる．一方，樹木に吸収されなかった $NO_3^- - N$ は，脱窒されて大気へ揮散するか，土壌浸透水とともに溶脱して地下水や渓流水になり，森林生態系の外に流出する．このようなリターフォールを始まりとする経路以外にも，降水の移動に伴う水溶態の経路がある．森林に降った雨は，降水にもともと含まれている $NH_4^+ - N$ と $NO_3^- - N$ とともに森林の林冠に付着している大気沈着成分や樹体からの滲出成分を溶かし込み，樹幹流・林内雨となって森林土壌に窒素化合物を供給する．この中には $NH_4^+ - N$ と $NO_3^- - N$ のほかに，溶存有機態窒素（dissolved organic nitrogen：DON）も含まれている．これらの成分も，鉱質土層における窒素形態変化に加わることになる．

森林土壌にはどれくらいの窒素が含まれているのだろうか．表4.2に日本の40カ所の森林で調査した（Urakawa *et al.*, 2015），O層と鉱質土層（0～50 cm深の合計）の窒素量を樹種ごとに示す．樹種によって大きなばらつきがあるが，O層には平均で $200 \, kg \, ha^{-1}$ 前後の窒素が含まれる．一方，鉱質土層では，全窒素は平均で概ね $5,000 \, kg \, ha^{-1}$ も含まれるのに対して，$NH_4^+ - N$ と $NO_3^- - N$ はそれぞれ約 $10 \, kg \, ha^{-1}$ であり，無機態窒素の合計（$NH_4^+ - N +$

表 4.2　O 層と鉱質土層の窒素量
平均値±標準偏差，Urakawa et al.（2015）より算出．

樹種	サイト数	O 層	鉱質土層（0〜50 cm の合計）			
		全窒素	NH_4^+-N	NO_3^--N	全窒素	$(NH_4^+-N+NO_3^--N)$/全窒素
		kg ha^{-1}	kg ha^{-1}	kg ha^{-1}	kg ha^{-1}	%
ブナ	5	360±190	23±13	7.0±2.1	8,000±4,400	0.30±0.17
ミズナラ	5	170±30	22±22	5.1±4.6	5,100±6,300	0.26±0.30
ヒノキ	5	110±150	9.0±10	2.5±7.2	4,700±4,600	0.18±0.26
スギ	10	86±60	8.9±9.7	10±5.9	3,500±4,100	0.26±0.19
カラマツ	4	440±250	2.0±9.3	3.3±7.6	3,500±4,800	0.093±0.20
その他	11	120±80	12±13	2.9±5.6	5,200±5,300	0.22±0.25
全体平均	40	180±170	13±13	5.5±5.5	4,900±4,900	0.23±0.23

NO_3^--N）が全窒素に占める割合は 0.5% 以下と非常に少ない．樹種ごとに各形態の窒素量の特徴を見ると，落葉樹であるブナ，ミズナラ，カラマツは，O 層に含まれる全窒素量が多い傾向がある．また，人工林樹種のヒノキ，スギ，カラマツの土壌に含まれる NH_4^+-N と全窒素量は，天然林で多く見られるブナ，ミズナラに比べて少ない傾向であることがわかる．この理由については，4.2 節で議論する．

　以上のように現地観測データからも，土壌微生物の窒素形態変化の過程が樹木への窒素供給に重要な役割を果たしていることがわかる．近年，降雨に含まれて森林生態系に流入する窒素量が増加し，内部循環が攪乱された結果，窒素流出量が増加するという窒素飽和現象（nitrogen saturation）が報告されている（第 2 章；Ohrui & Mitchell, 1997 など）．養分元素である窒素は，渓流やその下流域の湖沼や，海の富栄養化を引き起こす要因でもあるため，森林からの流出は少ないほうが望ましい．山 - 川 - 海からなる流域全体の環境を保全していく上で，森林生態系における窒素循環を，微生物活動による窒素形態変化の観点から理解することが重要である．

4.1　森林土壌における窒素無機化過程

　前節では，森林生態系における窒素循環の概要を説明した．樹木への窒素供

第 4 章 土壌窒素動態の空間変動

給という点において，土壌微生物の働きによって有機態窒素が無機態窒素（NH_4^+-N と NO_3^--N）に変換される窒素無機化過程（nitrogen mineralization）が重要であることを示した．本節ではこの過程にどのような微生物がかかわり，どのような仕組みで行われているかを説明する．

窒素無機化は，有機態窒素から NH_4^+-N が生成されるアンモニア化成（ammonification）と，NH_4^+-N から NO_3^--N が生成される硝化（nitrification, 硝酸化成ともいう）の2つの過程から構成される．理論上，有機態窒素が無機態窒素の NH_4^+-N に変換されるアンモニア化成量が窒素無機化量である．しかし，後述するように，アンモニア化成で生成した NH_4^+-N は，速やかに NO_3^--N に変換されることが多いので，測定上の観点からは，アンモニア化成と硝化の合計量を窒素無機化量とする場合が多い（4.1.3項を参照）．

4.1.1 アンモニア化成作用

土壌中の窒素の大部分は有機態として存在する（表 4.2）．有機態窒素は加水分解性と非加水分解性に分けられ，微生物に利用可能な有機態窒素は，主に加水分解性の窒素である（図 4.3）（河田，1989）．加水分解性の有機態窒素はアミド態，アミノ糖態，アミノ酸態が代表的で，いずれも側鎖にアミノ基（$-NH_2$）をもつ有機化合物である．アンモニア化成は，窒素だけに着目すれば，微生物がアミノ基を有機化合物から切り離し，NH_4^+-N として放出する作用である．一方，この過程を，従属栄養微生物による有機物分解の一環とし

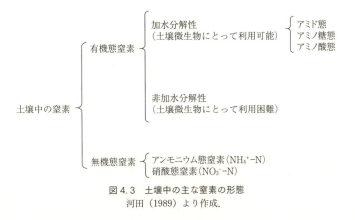

図 4.3 土壌中の主な窒素の形態
河田（1989）より作成．

4.1 森林土壌における窒素無機化過程

て捉えることも重要である．つまりアンモニア化成は，微生物が炭素と窒素を含む有機物を分解し，結果として得られるエネルギーを使って ATP 合成，ならびに微生物自身の体を構成するのに必要な炭素獲得と並行して行われる作用である（図 4.4）．無機態窒素は，微生物にとって DNA や細胞膜を始めとする細胞の諸器官を合成・維持するために必須の物質であるため，アンモニア化成により生成した NH_4^+-N は，まず微生物に必要な量が体内に取り込まれる．もしも，土壌有機物に窒素がたくさん含まれていれば，微生物の要求は満たされるので，余った NH_4^+-N は土壌中に放出され，窒素無機化の次の段階である硝化や，植物による窒素吸収に回される（図 4.4a）．一方，土壌有機物の窒素濃度が低いと，微生物の要求量は満たされないので，アンモニア化成が起こったとしても土壌中に NH_4^+-N は放出されないばかりか，土壌にもともと存在する NH_4^+-N が微生物の不足分を補うために吸収されることになる（図 4.4b）．このように，アンモニア化成作用の基質（substrate）となる土壌有機物の炭素と窒素の濃度比率（C/N 比，シーエヌひ）によって，生成される NH_4^+-N の量や，硝化や植物の窒素吸収などその先の窒素動態が大きく変わる．

(a) 有機物の窒素濃度が高い場合（C/N 比が低い場合）

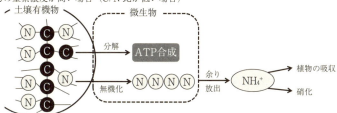

(b) 有機物の窒素濃度が低い場合（C/N 比が高い場合）

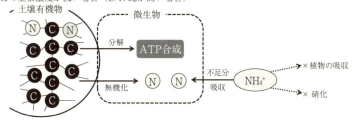

図 4.4　土壌中の有機態窒素の無機化

樹木への養分供給という観点からは，土壌中に放出される NH_4^+-N（図 4.4a，右端の NH_4^+-N につながる矢印）が重要である．この NH_4^+-N の生成量は，植物の吸収や硝化に使うことができる純粋量という意味で，「純窒素無機化（net nitrogen mineralization）」と呼ばれる（正味窒素無機化と呼ばれることもある）．これに対して，微生物が土壌有機物を無機化して得る無機態窒素の総量（図 4.4，微生物の中の無機化についた矢印）を「総窒素無機化（gross nitrogen mineralization）」と呼ぶ．純窒素無機化と総窒素無機化の間には，以下の式が成り立つ．

$$\text{純窒素無機化} = \text{総窒素無機化} - \text{微生物の窒素吸収} \qquad (4.1)$$

上式の「微生物の窒素吸収」を，樹木にとって利用不可能になった窒素という意味で，「窒素不動化（nitrogen immobilization）」と呼ぶ（窒素有機化と呼ぶこともある）．

4.1.2 硝化作用

硝化は，主に独立栄養の微生物が NH_4^+-N を最終的に NO_3^--N へと酸化する過程である．中間物質としてヒドロキシルアミン（hydroxylamine, NH_2OH）と亜硝酸（NO_2^-）が生成されるが，いずれも環境中では不安定で土壌に蓄積する量は少ない．硝化は独立栄養過程であるため，微生物はエネルギー源として有機物を必要としない．NH_4^+-N の酸化で得られるエネルギーを用いて CO_2 を同化し，生物体を構成するのに必要な有機物を獲得している．各ステップでの化学反応式は以下の通りである．

まず，アンモニウムイオン（NH_4^+）は，アンモニア（NH_3）に変換される（式 4.2）．

$$NH_4^+ \rightleftharpoons NH_3 + H^+ \qquad (4.2)$$

この反応は可逆的であり，土壌 pH が高いほど平衡は右側へ進みやすい．逆に pH が低いと（土壌水中に H^+ が多いほど）NH_3 変換は困難になる．

次に，NH_3 を酵素（アンモニアモノオキシゲナーゼ）の働きによってヒドロキシルアミンに酸化する（式 4.3）．

4.1 森林土壌における窒素無機化過程

$$NH_3 + 2H^+ + O_2 + 2e^- \xrightarrow{\text{アンモニアモノオキシゲナーゼ}} NH_2OH + H_2O \quad (4.3)$$

NH_2OH は，ヒドロキシルアミン酸化還元酵素（NH_2OH オキシドレダクターゼ）の働きで NO_2^- に酸化される（式 4.4）．

$$NH_2OH + H_2O \xrightarrow{\text{NH_2OH オキシドレダクターゼ}} NO_2^- + 4e^- + 5H^+ \quad (4.4)$$

この反応で生じる4つの電子のうち2つは式(4.3)のアンモニア酸化に利用される．残りの2つは電子伝達系に回され，微生物のエネルギー生成に使われる．

NO_2^- は亜硝酸酸化還元酵素（NO_2^- オキシドレダクターゼ）の働きで速やかに NO_3^- に酸化される（式 4.5）．

$$NO_2^- + H_2O \xrightarrow{\text{NO_2^- オキシドレダクターゼ}} NO_3^- + 2H^+ + 2e^- \quad (4.5)$$

硝化過程を担う微生物＝硝化菌（nitrifier）の中には，バクテリア（bacteria：細菌）に加えてアーキア（archaea：古細菌）もいることが最近の研究でわかってきた（Leininger *et al.*, 2006; Robertson & Groffman, 2015）．アーキアは，形態的にはバクテリアと同じく原核生物であるが，リボソーム RNA 配列を用いた分子生物学的な系統解析によると，アーキアとバクテリアの系統発生学的な距離は，真核生物とバクテリアの間ほど離れていることが示された（Woese *et al.*, 1990; Killham & Prosser, 2015）．このことから，最近の生物分類では真核生物，バクテリアと並んでアーキアを独立のドメインとする生物分類法が受け入れられている．アーキアは初め，火山ガス噴出口や塩湖など，極限環境で発見された歴史があることから，森林土壌中でも硝化の基質である NH_4^+-N 濃度の低い環境や，NH_4^+ を NH_3 に変換しにくい酸性環境など，バクテリア硝化菌が生育しにくい土壌環境に対応していることが推察されている（He *et al.*, 2012）．しかし最近の DNA 分子生物学的手法を用いた研究では，アンモニア酸化酵素をもつアーキアは極限環境ではない普通の土壌にもありふれている（Isobe *et al.*, 2011）ことも明らかにされており，バクテリアと並んで硝化過程を担う重要な微生物である可能性も考えられている．分子生物学的な手法の発展とともに，今後詳しい生態が明らかになっていくものと思われる．

4.1.3 土壌の窒素無機化量の測定

　土壌の樹木に対する窒素供給能力や土壌中の微生物の働きを把握する上で，窒素無機化量（アンモニア化成および硝化量）を測定することは有効な手段である．本節の前半で説明してきた通り，純窒素無機化・硝化速度は土壌の樹木への窒素供給能力の指標，総窒素無機化・総硝化速度は微生物の窒素無機化活性の指標となる（表4.3）．さらに純速度の測定法は，測定を行う場所の違いによって，大きく室内培養法と野外培養法の2種類に分類できる．

　すべての測定方法では「培養（incubation）」という操作を行う．培養とは，森林から採取してきた土壌を，何らかの「仕掛けを施した容器」に入れ，「仕掛けを施した場所」に，「一定期間」静置することである．これらの「容器」，「場所」，「期間」の組み合わせによって，窒素無機化の測定対象を変えることができる．窒素無機化量の測定とは，培養前後の土壌中の無機態窒素の変化（濃度，量や同位体比など）を検出することである．

表4.3　窒素無機化測定法の違いと特徴

		測定対象の違い	
		樹木への無機態窒素供給能力	窒素無機化にかかわる微生物の活性
測定を行う場所の違い	室内培養法	・純窒素無機化（net nitrogen mineralization＝アンモニウム化成＋硝化） ・純硝化（net nitrification） ・温度，水分の最適条件下で，理想的な速度（ポテンシャル）を測定することができる． ・複数段階の温度設定で培養することで，速度と温度依存性に関する指標（パラメータ）を得ることができる． ・パラメータをもとに，同一条件での比較ができる．	・総窒素無機化（gross nitrogen mineralization） ・総硝化（gross nitrification） ・微生物が土壌有機物から無機化した窒素の総量と，微生物体に不動化した量の両方を測定することができる． ・同様に，硝化菌が NH_4^+-N を硝化した総量と微生物体に取り込んだ NO_3^--N 量の両方を測定することができる．
	野外培養法	・温度や水分の変化が自然な環境下で，実際の速度を測定することができる． ・森林への窒素流入・流出量や樹木の窒素吸収量を合わせて考慮に入れることで，生態系内の窒素循環量を把握することができる．	野外で総窒素無機化・硝化速度を測定することはまれ．

4.1 森林土壌における窒素無機化過程

A. 純窒素無機化・硝化速度

　純窒素無機化量・硝化量は，それぞれ土壌中の無機態窒素量（NH_4^+-N と NO_3^--N の和）および NO_3^--N の培養前後の差である．以下の式で表すことができる(式 4.6～4.8)．

　純窒素無機化量
　　$=$（培養後 $NH_4^+-N+NO_3^--N$）$-$（培養前 $NH_4^+-N+NO_3^--N$）　(4.6)
　純硝化量 $=$ 培養後 NO_3^--N-培養前 NO_3^--N　　　　　　　　　　(4.7)
　アンモニア化成量 $=$ 培養後 NH_4^+-N-培養前 NH_4^+-N　　　　　　(4.8)

　純速度測定の際，培養期間は一般的に数週間～1ヶ月以上に及ぶので，アンモニア化成により生成した NH_4^+-N は硝化作用を受ける．このため，窒素無機化量の算出には土壌中の NH_4^+-N と NO_3^--N の和を用いる(式 4.6)．式(4.8) のように，NH_4^+-N の変化量からアンモニア化成量を求めることもできる．純窒素無機化・硝化速度は，式(4.6) および式(4.7) から算出される「量」を「培養期間」で割ることで算出し，乾土 1 kg，1 日当たりの窒素量 mg（$mgN\ kg^{-1}\ d^{-1}$）という単位で表すのが一般的である．純速度測定で使用する「容器」には，培養中に生成した無機態窒素が樹木根から吸収されることがないよう，また溶脱することがないよう不透水性で，かつガス交換を妨げることのないよう通気性がある素材が使用される．培養を行う「場所」について，実験室で行うのが室内培養，野外フィールドで行うのが野外培養である．

B. 室内培養

　室内培養では，恒温培養器（インキュベーター：incubator）という，温度を一定に保持する装置に土壌を静置し培養を行う．培養は実験室で行うので，土壌をきめ細かく管理することができる．培養期間中に蒸発していく水分を数日に1回の頻度で補うことで，土壌水分を一定に保つことも可能である．温度と水分の最適条件で培養すれば（一般的に温度 30℃，水分は最大容水量の 60%），理想的な速度（ポテンシャル）を測定することができる．「容器」としては，ガラスやプラスチック製の容器を使用し，通気のためのピンホールをあけたフィルムで口を覆うのが一般的である．

　日本各地の森林土壌の純窒素無機化・硝化速度を表 4.4 に示す．日本全国

第4章　土壌窒素動態の空間変動

表4.4　日本の森林土壌の純窒素無機化・硝化速度（20°Cにおける値）
Urakawa *et al.* (2015) より引用．*は図4.5の地点番号．

地点番号*	サイト名	優占樹種	純窒素無機化速度 (mgN kg^{-1} d^{-1}) 土壌深度 (cm)			純硝化速度 (mgN kg^{-1} d^{-1}) 土壌深度 (cm)		
			0～10	10～30	30～50	0～10	10～30	30～50
1	雨龍人工林	トドマツ	0.98	0.18	0.05	0.72	0.20	0.04
1	雨龍天然林	ミズナラ	0.45	0.05	0.08	0.20	0.07	0.07
2	標茶広葉樹林	ミズナラ	2.12	0.15	0.02	2.14	0.18	0.07
2	標茶針葉樹林	カラマツ	0.85	0.17	0.04	0.86	0.16	0.09
3	足寄広葉樹林	オオバボダイジュ	1.19	0.12	−0.01	1.16	0.18	0.06
3	足寄針葉樹林	カラマツ	0.45	0.13	0.02	0.52	0.17	0.05
4	安比天然林	ブナ	3.37	0.26	0.26	3.15	0.17	0.11
5	盛岡ブナ林	ブナ	1.23	0.14	0.08	1.22	0.16	0.09
6	秋田人工林	スギ	0.02	−0.06	−0.10	0.09	0.00	0.00
7	菅名人工林	スギ	1.63	0.33	0.10	1.58	0.20	0.05
7	菅名天然林	ブナ	0.99	0.10	0.07	0.00	0.02	0.00
8	桂人工林	スギ	0.73	0.02	−0.01	0.79	0.12	0.05
8	桂広葉樹林	コナラ	0.01	0.02	0.02	0.11	0.06	0.05
9	草木天然林	ミズナラ	0.20	−0.05	−0.10	0.23	0.02	0.00
9	大谷山老齢人工林	スギ	0.78	0.11	0.03	0.83	0.16	0.07
9	大谷山幼齢人工林	スギ	0.53	0.04	0.04	0.56	0.10	0.05
10	菅平マツ林	アカマツ	0.39	0.22	0.11	0.09	0.10	0.03
11	袋山沢A流域	スギ	0.11	0.03	−0.03	0.26	0.12	0.03
11	袋山沢B流域	スギ	0.25	−0.01	−0.19	0.32	0.03	0.05
12	丹沢A流域	ヒノキ	0.32	0.04	0.04	0.46	0.13	0.11
12	丹沢B流域	ヒノキ	0.25	0.10	0.05	0.28	0.16	0.06
13	富士北麓1	カラマツ	0.32	0.08	0.05	0.32	0.08	0.05
13	富士北麓2	カラマツ	0.81	0.27	0.07	0.82	0.27	0.07
14	瀬戸フラックスサイト	ソヨゴ	0.12	−0.07	—	0.00	0.00	—
15	芦生人工林	スギ	0.57	0.37	0.33	0.59	0.37	0.39
15	芦生天然林	ブナ	0.55	0.20	0.23	0.63	0.14	0.21
16	上賀茂天然林	コナラ	−0.03	−0.02	—	0.00	0.00	—
16	上賀茂ヒノキ林	ヒノキ	−0.05	−0.05	0.00	0.00	0.00	0.00
17	椎葉人工林	ヒノキ	0.51	0.12	0.05	0.54	0.12	0.05
17	椎葉天然林	シデ類	0.36	0.37	0.14	0.30	0.26	0.08
18	高隈人工林	スギ	0.26	0.17	0.15	0.23	0.12	0.11
18	高隈天然林	スダジイ	0.25	0.16	0.13	0.28	0.09	0.05
19	与那天然林	スダジイ	−0.09	−0.06	0.02	0.00	0.00	0.00
20	蒜山人工林	ヒノキ	−0.66	0.05	0.09	−0.01	−0.01	0.00
20	蒜山天然林	クヌギ	0.92	0.28	0.11	0.30	0.09	0.02
21	鷹取山人工林	スギ	0.42	0.04	−0.06	0.47	0.12	0.04
21	鷹取山天然林	モミ	0.46	0.04	0.02	0.51	0.08	0.02
	平均±標準偏差		0.57±0.69	0.11±0.12	0.05±0.10	0.54±0.64	0.11±0.09	0.06±0.07

の北海道から沖縄まで21地点（図4.5）合計37サイトの森林から採取された0～10，10～30，30～50 cmの3層の鉱質土壌を，20°Cで4週間にわたり室内培養して求めた値である．純窒素無機化，純硝化速度ともに表層の0～

4.1 森林土壌における窒素無機化過程

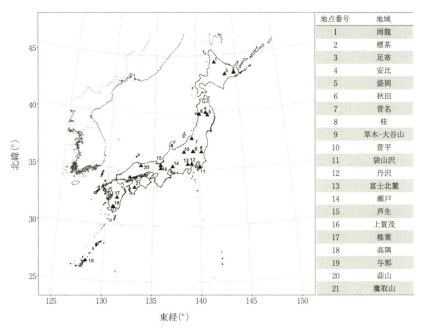

図4.5 純窒素無機化・硝化速度の測定地点

10 cm が10～30，30～50 cm 深よりも大きいことがわかる（表4.4）．表層土壌には窒素無機化のもと（基質：substrate）となる有機物が下層に比べて多いので，微生物の活動が活発に行われていることを反映している．0～10 cm 深の純窒素無機化速度および純硝化速度の全国平均±標準偏差はそれぞれ，0.57±0.69，0.54±0.64 mgN $kg^{-1} d^{-1}$ である．平均値に対して標準偏差が大きいことからもわかるように，サイト間の変動が大きい．たとえば岩手県の安比高原の天然林の土壌は純窒素無機化・硝化速度が3 mgN $kg^{-1} d^{-1}$ 以上と非常に速い値であるのに対し，京都府の上賀茂地域の森林土壌では窒素無機化速度は負の値，硝化速度は検出できないほど小さな値であった．上賀茂のほかにも，純窒素無機化や純硝化速度が負の値となるサイトがいくつかある．負の値は実験上，培養前に比べて培養後の土壌の無機態窒素量が減ってしまったために起こる現象であり，微生物による無機態窒素の吸収量が生成量よりも多いことを示している．4.1.1項で説明したように，土壌有機物に含まれる窒素に対して，炭素が多い土壌であることを示唆している（図4.4b）．純窒素無機化・硝化速

第4章 土壌窒素動態の空間変動

度の高低にどのような要因が影響を及ぼしているかについては，次節で取り上げる．

　一般的に，温度の上昇に伴って窒素無機化・硝化速度は指数関数的に大きくなる．土壌を3段階の温度で培養することにより，温度変化に対する速度の変化率（temperature dependency，温度依存性）を知ることができる．図4.6に安比天然林（表4.4）での例を示す．培養温度が15, 20, 25°Cと5°C刻みで上昇する時，3回繰り返し試験の平均速度は1.74, 3.36, 5.77 mgN kg^{-1} d^{-1}と弓なりに大きくなることがわかる．この温度と窒素無機化速度の関係は，経験的に以下の式で表す(式4.9)．

$$N_{min} = a \times e^{(b \times T)} \tag{4.9}$$

ここで，N_{min}は窒素無機化速度（mgN kg^{-1} d^{-1}），Tは温度（°C），a（mgN kg^{-1} d^{-1}）とb（°C^{-1}）は土壌ごとに異なる係数（パラメータ：parameter）であり，aは基準温度での速度（0°Cにおける速度，理論上の速度なので凍結の影響は考えない），bは温度依存性にかかわるパラメータである．窒素無機化速度の温度依存性は，温度が10°C上昇した時に速度が何倍になるかを示すQ_{10}（キューテン）という指標を用いるのが一般的である．Q_{10}は，bを用いて以下の

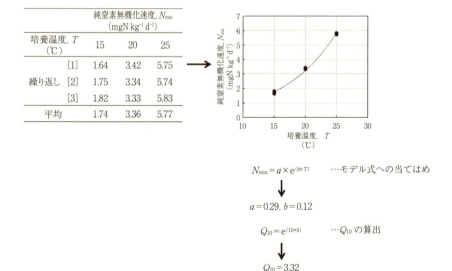

図4.6　純窒素無機化速度の温度依存性の算出（安比天然林土壌の例）

4.1 森林土壌における窒素無機化過程

式により求められる(式4.10).

$$Q_{10} = e^{(10 \times b)} \tag{4.10}$$

図4.6の安比天然林での例では，Q_{10}は3.32と算出された．25°Cにおける窒素無機化速度は15°Cの約3.3倍であることからも，Q_{10}が温度10°C上昇に伴う速度の係数であることが確認できる．

純硝化速度についても同様の手順で各パラメータを求めることができる．表4.5に日本各地の森林土壌の純窒素無機化・硝化速度のパラメータを示す．多くの土壌のQ_{10}は概ね2～4の間に分布している．aは理論上，0°Cにおける速度であるが，20°Cでの速度（表4.4および表4.5）はaの約4～16倍ということを示し，実際にそのようになっていることを確認できる．一方，Q_{10}が10～20台と非常に大きな値の土壌もいくつかある．このような土壌はaの値がゼロに近く，少しの速度変化に対して変化率が大きくなることを示している．パラメータが測定不能の土壌もいくつかある．純窒素無機化速度の実験値が負の値になった土壌では，速度を対数に変換することができないので，パラメータの算出が不可能となる．土壌の窒素無機化・硝化速度をパラメータで表現することは，土壌の産地の地温の影響を排除し，同一温度での速度や温度依存性を議論することができるので，さまざまな土壌を統一条件下で比較する上で有用である．

土壌の純窒素無機化・硝化速度をパラメータで表現できるようになると，任意の温度における速度を推定することも可能になる．このアプローチは森林生態系内の窒素動態をモデル化する際に重要である．近年，気候変動等によって森林や農耕地の窒素循環がどのように変化するかを養分動態モデル（たとえばPnET (Aber *et al.*, 1997), LEACHM (Hutson 2005; Asada *et al.*, 2013)）で予測する試みが行われている．これらのモデル内部では，窒素無機化・硝化過程は式(4.9)のように数式で表現し，各土壌の特徴はパラメータにより把握する．モデルが実際の窒素形態変化を正確に再現しているかを検証すること（バリデーション：validation）は，正しい予測値を得るために重要な作業である．バリデーションの例として，図4.7に式(4.9)により求めた年間の窒素無機化・硝化量予測値と実測値との関係を示す (Urakawa *et al.*, 2017)．実測値は，

第4章　土壌窒素動態の空間変動

表 4.5　日本の森林土壌の純窒素無機化・硝化速度パラメータ（0〜10 cm 深）
Urakawa et al., (2015) より引用．20°Cの速度は表 4.4 と同一．*は図 4.5 の地点番号．

地点番号*	サイト名	優占樹種	純無機化速度				純硝化速度			
			a (mgN kg^{-1} d^{-1})	b (°C^{-1})	Q_{10} (−)	20°Cの速度 (mgN kg^{-1} d^{-1})	a (mgN kg^{-1} d^{-1})	b (°C^{-1})	Q_{10} (−)	20°Cの速度 (mgN kg^{-1} d^{-1})
1	雨龍人工林	トドマツ	0.14	0.09	2.55	0.98	0.20	0.06	1.84	0.72
1	雨龍天然林	ミズナラ	0.04	0.12	3.19	0.45	0.11	0.03	1.38	0.20
2	標茶広葉樹林	ミズナラ	0.30	0.10	2.65	2.12	0.31	0.10	2.63	2.14
2	標茶針葉樹林	カラマツ	0.11	0.11	2.86	0.85	0.11	0.10	2.82	0.86
3	足寄広葉樹林	オオバボダイジュ	0.15	0.10	2.70	1.19	0.15	0.10	2.70	1.16
3	足寄針葉樹林	カラマツ	0.03	0.12	3.46	0.45	0.06	0.10	2.82	0.52
4	安比天然林	ブナ	0.29	0.12	3.32	3.37	0.21	0.13	3.80	3.15
5	盛岡ブナ林	ブナ	0.15	0.10	2.59	1.23	0.17	0.09	2.45	1.22
6	秋田人工林	スギ	0.00	0.32	24.16	0.02	0.01	0.11	3.08	0.09
7	菅名人工林	スギ	0.22	0.10	2.76	1.63	0.18	0.11	2.92	1.58
7	菅名天然林	ブナ	0.09	0.12	3.41	0.99	測定不能			0.00
8	桂人工林	スギ	0.06	0.12	3.48	0.73	0.08	0.11	3.12	0.79
8	桂広葉樹林	コナラ	測定不能			0.01	0.00	0.21	8.43	0.11
9	草木天然林	ミズナラ	0.00	0.19	6.82	0.20	0.20	0.20	7.74	0.23
9	大谷山老齢人工林	スギ	0.11	0.12	2.74	0.78	0.13	0.09	2.58	0.83
9	大谷山幼齢人工林	スギ	0.04	0.12	3.40	0.53	0.06	0.12	3.16	0.56
10	菅平マツ林	アカマツ	0.01	0.21	8.22	0.39	0.00	0.15	20.1	0.09
11	袋山沢A流域	スギ	0.00	0.27	14.77	0.11	0.04	0.10	2.78	0.26
11	袋山沢B流域	スギ	0.02	0.12	3.46	0.25	0.04	0.10	2.84	0.32
12	丹沢A流域	ヒノキ	0.03	0.12	3.20	0.32	0.08	0.08	2.30	0.46
12	丹沢B流域	ヒノキ	0.02	0.13	3.51	0.25	0.03	0.11	3.02	0.28
13	富士北麓1	カラマツ	0.03	0.12	3.23	0.32	0.03	0.12	3.38	0.32
13	富士北麓2	カラマツ	0.07	0.12	3.49	0.81	0.07	0.12	3.47	0.82
14	瀬戸フラックスサイト	ソヨゴ	0.00	0.19	7.25	0.12	測定不能			0.00
15	芦生人工林	スギ	測定不能			0.57	測定不能			0.59
15	芦生天然林	ブナ	0.03	0.15	4.48	0.55	0.12	0.08	2.23	0.63
16	上賀茂天然林	コナラ	測定不能			−0.03	測定不能			0.00
16	上賀茂ヒノキ林	ヒノキ	測定不能			−0.05	測定不能			0.00
17	椎葉人工林	ヒノキ	0.03	0.15	4.33	0.51	0.01	0.19	6.77	0.54
17	椎葉天然林	シデ類	0.02	0.15	4.27	0.36	0.02	0.16	4.80	0.30
18	高隈人工林	スギ	0.05	0.08	2.24	0.26	0.05	0.08	2.15	0.23
18	高隈 天然林	スダジイ	0.03	0.11	3.01	0.25	0.05	0.09	2.45	0.28
19	与那 天然林	スダジイ	測定不能			−0.09	0.00	0.17	5.31	0.00
20	蒜山 人工林	ヒノキ	測定不能			−0.66	測定不能			−0.01
20	蒜山 天然林	クヌギ	0.07	0.13	3.53	0.92	0.00	0.21	8.28	0.30
21	鷹取山 人工林	スギ	0.04	0.12	3.41	0.42	0.05	0.12	3.20	0.47
21	鷹取山 天然林	モミ	0.07	0.10	2.66	0.46	0.08	0.09	2.49	0.51
	平均±標準偏差		0.07±0.08	0.14±0.05	4.68±4.35	0.58±0.69	0.08±0.08	0.12±0.05	4.10±3.49	0.56±0.64

日本の16ヵ所の森林で野外培養（バリードバッグ法，次項で説明）により計測されたものである．窒素無機化，硝化ともに，概ね実測値と予測値が等しいことを示す $y=x$ の直線の周辺に各サイトの点がプロットされていることから，Q_{10} を用いたこの推定式で年間の窒素無機化・硝化量をおおまかに推定することは可能であるといえる．しかし，Q_{10} そのものも温度によって値が変化することが知られている（金野，1980；杉原ほか，1986）．パラメータを求めるた

4.1 森林土壌における窒素無機化過程

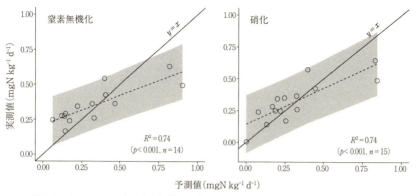

図4.7 式4.9による年間窒素無機化・硝化量の予測値と実測値の比較（0〜10 cm深）
Urakawa *et al.* (2017) より引用.

めの室内実験の設定温度と現場の地温の変動範囲があまりに乖離していると，現場の状況に適合したパラメータが得られず，結果として正しい予測を行うことはできない．また，本項で紹介した推定式には土壌水分変動を考慮に入れていないので，季節的に乾湿の差が大きい地域の森林土壌にこの推定方法を当てはめるのは不適切である．推定方法の適用範囲をよく理解し，実際の野外の状況がその適用範囲内に収まるかどうかを吟味するのが，予測を行う際の正しい姿勢である．

C. 野外培養

野外培養は，野外の地温や水分の変動する環境下で培養を行うので，現実に近い速度を測定できる（表4.3）．培養期間は一般的に数週間〜数ヶ月間であるが，短すぎると培養前後の差を検出するのが難しい一方，長すぎると基質が枯渇してしまうので，測定対象となっている土壌についてあらかじめ予想される窒素無機化・硝化速度や，培養を行う季節に応じて適切な期間を選定する必要がある．一定期間の野外培養を連続して行い測定値を累積することで，年間などの長期間にわたる窒素無機化・硝化量を測定できる．

最も基本的な野外培養法はバリードバッグ法（buried-bag method）（Eno, 1960）である．採取した土壌を篩（孔径4 mmのものが一般的）にかけて，根や礫などを取り除き，一部を初期値（培養前）の窒素測定用に取り分けた後，残りをポリエチレン製のビニル袋に封入して採取した場所に埋め戻す．一定期

第4章 土壌窒素動態の空間変動

間経過後にビニル袋を回収し，培養後の土壌に含まれる無機態窒素量から初期値を差し引くことで，期間内の純窒素無機化・硝化量が求められる．

バリードバッグ法をベースとして，できるだけ現地の環境を培養結果に反映させようと，これまでにさまざまな改良法が提案されてきた．まず，土壌を撹乱せず，構造を保ちながら培養する方法としてクローズドトップカラム法(closed-top column method) (Adams and Attiwill, 1986) とコアバッグ法(core-bag method) (呉ほか，1998) が考案された．クローズドトップカラム法は，直径5 cm，長さ20～30 cmほどのプラスチックあるいは金属製の円筒を垂直に森林土壌に差し込み，上端に蓋を被せる（表4.6）．カラムで仕切ることにより，根の侵入を防ぐことができる．また，蓋を被せるのでカラム中の水の浸透がなく，生成した無機態窒素の流亡を防ぐことができる．クローズドトップカラム法では，測定できる深度がカラムの長さで決まるのに対して，コアバッグ法では土壌断面を掘って側面より培養用容器を埋設するので，任意の深さの土壌を培養できる（表4.6）．この方法では，クローズドトップカラムより短い直径5 cm，長さ5 cmほどの円筒を，土壌断面の任意の深さに水平に差し込み，土壌コアを採取する．根や水の侵入を防ぐためにポリエチレン製のシートで土壌を円筒ごと包み，再び同じ場所に埋め戻す．

培養期間中の水の通導を確保する改良法として，レジンコア法 (resin core method) (DiStefano & Gholz, 1986) が提案されている．この方法は，土壌を入れたカラムの上下をイオン交換樹脂 (ion exchange resin, 陽イオン交換樹脂と陰イオン交換樹脂を混合したもの) を入れたカラムで挟み，現地に埋設する方法である（表4.6）．上部のイオン交換樹脂カラムは，水は通導させるがカラム外で生成した無機態窒素の土壌カラム内部への流入を遮断する．下部のイオン交換樹脂カラムは，水の浸透によって土壌カラム外に流出しようとするカラム内土壌で生成した無機態窒素を保持する．培養期間内の窒素無機化量は，土壌カラム内の NH_4^+-N と NO_3^--N の培養前後変化量と下部のイオン交換樹脂カラム内の $NH_4^+-N+NO_3^--N$ の培養前後変化量の和である．

野外培養法は，現場の状況に合わせて測定者独自のアレンジを加えることが多いので，結果を公表する際は方法を詳細に記載する必要がある．深い土壌での培養を行うために土壌断面を掘ると，現場の撹乱が大きくなるので注意が必

4.1 森林土壌における窒素無機化過程

表4.6 野外培養法の比較

基本法からの改善点	名称	容器	土壌の状態	特徴
基本	バリードバッグ	ポリエチレン袋	撹乱	—
非撹乱土壌を使用	クローズドトップカラム	プラスチック製の筒	非撹乱	O層〜表層まで連続した層の無機化・硝化量の測定
	コアバッグ	プラスチック製の筒	非撹乱	深度別の無機化・硝化量の測定
通水性を確保	レジンコア	プラスチック製の筒	撹乱または非撹乱	イオン交換樹脂のカラムで土壌カラムの上下を挟む

クローズドトップカラム法

カラムで隔離することによって、根の侵入を防ぐことができる。蓋をすることで水の浸透がないので、無機態窒素は溶脱しない。

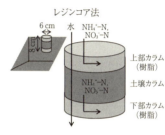

コアバッグ法

カラムとポリエチレン製のシートで根と水の侵入を防ぐ。より深い層での窒素無機化・硝化量を測定できる。

レジンコア法

土壌カラムの上下をイオン交換樹脂で挟むことにより、水は通導させるが、溶存イオンは樹脂に保持させる。

要である．また，非撹乱土壌を用いる測定法は，測定結果のばらつきが大きくなる傾向があるので，操作の繰り返し数を増やす必要がある．一般的に現地の環境に即そうとすればするほど，労力が大きくなるので，手間と測定精度のトレードオフを見極めて手法を選択することが大切である．

D. 総窒素無機化・硝化速度

総窒素無機化速度の測定法は，微生物が有機態窒素からNH_4^+-Nを生成する速度と生成したNH_4^+-Nを自分の体に再度取り込む速度を分けて測定する方法である．同様に，総硝化速度の測定法は，硝化菌がNO_3^--Nを生成する速度とNO_3^--Nを不動化する速度を測定する方法である．総速度の測定には，^{15}Nで標識した$^{15}NH_4^+-N$または$^{15}NO_3^--N$を土壌に添加して，培養前後の無機態窒素の濃度と同位体比の変化から生成速度と不動化速度を算出する^{15}N同位体希釈法（^{15}N isotope dilution method）（Kirkham & Bartholomew, 1954;

第4章 土壌窒素動態の空間変動

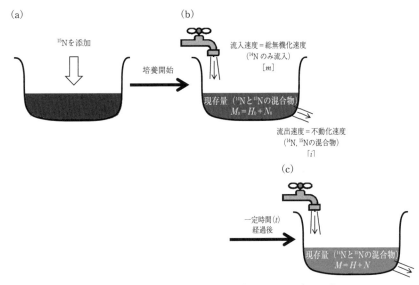

図4.8 同位体希釈法によるグロス速度の測定原理（模式図）

Hart *et al.*, 1994）を用いるのが一般的である．

図4.8に同位体希釈法の測定原理の模式図を示す．土壌中では窒素無機化と不動化が同時に起こっているが、これはバスタブ（土壌中にすでに存在する無機態窒素）に蛇口から水を加えつつ（窒素無機化），底穴から水を抜く（不動化）のと似た状況と見立てることができる．これが実際の窒素無機化過程と異なるのは，蛇口からの水の流入速度（＝無機化速度，m）と底穴からの流出速度（＝不動化速度，i）を直接測定できないということである．バスタブの水の状態のみの把握でmとiを両方推定するには，あらかじめバスタブに色水（^{15}N同位体）を加えて，一定時間経過後の水の増減とともに色の薄まり具合を観察すればよい．

以下に総窒素無機化・NH_4^+-N不動化速度測定の手順を説明する．まず土壌（バスタブ）に$^{15}NH_4^+-N$を加える（図4.8a）．初期の土壌中の無機態窒素現存量は，以下の式で表される（式4.11）．

$$M_0 = H_0 + N_0 \tag{4.11}$$

ここで，M_0，H_0，N_0はそれぞれ初期のNH_4^+-N，$^{15}NH_4^+-N$，$^{14}NH_4^+-N$

の量である（図 4.8b）．自然環境中の ^{15}N 同位体の存在比は 0.364% と非常に低いので，有機態窒素の無機化により生成される NH_4^+-N はほぼすべて $^{14}NH_4^+-N$ と考えて差し支えない．よって培養を開始すると，無機化により生成した $^{14}NH_4^+-N$ がバスタブに追加され，$^{15}NH_4^+-N$ の濃度は時間経過とともに低下する．バスタブの排水口からは NH_4^+-N の流出も起こっている．つまり微生物は，$^{14}NH_4^+-N$ と $^{15}NH_4^+-N$ の混合物を不動化によって取り込んでいるので，バスタブ中の $^{15}NH_4^+-N$ 量も，時間経過とともに減少する．一定時間 t の経過後の無機態窒素現存量は以下のように表される(式 4.12)．

$$M = H + N \tag{4.12}$$

M, H, N はそれぞれ一定時間経過後の NH_4^+-N，$^{15}NH_4^+-N$，$^{14}NH_4^+-N$ の量である（図 4.8c）．バスタブ内の $^{15}NH_4^+-N$ の量と濃度は，一定時間 (t) 後に減っている，

$$H_0 > H \tag{4.13}$$

$$\frac{H_0}{M_0} > \frac{H}{M} \tag{4.14}$$

という制約条件を満たした上で，水栓から抜ける水の ^{15}N 同位体比はバスタブ内の同位体比に等しいので，

$$\frac{dH}{i \cdot dt} = -\frac{H}{M} \tag{4.15}$$

という等式が成り立ち，また t 時間経過後のバスタブ内の無機態窒素量 M は，

$$M = M_0 - (i - m) \cdot t \tag{4.16}$$

と表される．式(4.15)，式(4.16) の連立方程式を i と m について解くと，

$$i = -1 \cdot \frac{(M - M_0)}{t} \cdot \frac{\log H - \log H_0}{\log M - \log M_0} \tag{4.17}$$

第4章 土壌窒素動態の空間変動

$$m = i + \frac{M - M_0}{t} = -1 \cdot \frac{M - M_0}{t} \cdot \frac{\log\left(\frac{H}{M}\right) - \log\left(\frac{H_0}{M_0}\right)}{\log M - \log M_0} \quad (4.18)$$

となる（Kirkham & Bartholomew, 1954；Hart *et al.*, 1994）．総硝化および$NO_3^- - N$不動化速度は，$NH_4^+ - N$を$NO_3^- - N$に置き換えて以上と同様の手順で測定する．総速度の測定は純速度に比べて培養時間が非常に短く，^{15}N同位体の添加後それぞれ2時間後，26時間後に土壌抽出を行い，差し引き24時間の変化から速度を算出する場合が多い．これは不動化で微生物に取り込まれた^{15}N同位体が再び無機化され，無機態窒素プール（バスタブ）に^{15}Nが再流入して前提条件(式4.13, 式4.14)が崩れるのを防ぐためである．また総速度の測定は，基本的に実験室内で行われる（表4.3）．恒温器を用いて最適温度での培養が行われる場合が多いので，得られる速度は理想的な値＝ポテンシャルと捉えられる．

表4.7に，日本各地の森林土壌で測定された総窒素無機化・$NH_4^+ - N$不動化速度および総硝化・$NO_3^- - N$不動化速度を示す（Urakawa *et al.*, 2015）．全サイト平均で総窒素無機化速度は3.9±3.5 mgN kg^{-1} d^{-1}，総硝化速度は1.0±1.0 mgN kg^{-1} d^{-1}であった．硝化速度は無機化速度の1/4程度であることから，無機化で生成した$NH_4^+ - N$の大部分は再び微生物に吸収されていて，硝化に回る$NH_4^+ - N$は一部であるということがわかる．純速度を見ると，窒素無機化速度はサイト平均で0.6 mgN kg^{-1} d^{-1}，硝化速度は0.5 mgN kg^{-1} d^{-1}とほぼ同等で（表4.4），無機化した窒素がすべて硝化されている印象を受けるが，純速度と総速度を比較すると実際には純速度で把握される無機態窒素量よりもはるかに多くの窒素が微生物と土壌の間を循環していることがわかる．総速度も平均値に対して標準偏差が大きいことから，サイト間の変動が大きいことがわかる．総窒素無機化速度の最大値は椎葉天然林での15.8 mgN kg^{-1} d^{-1}に対して高隈人工林では0.8 mgN kg^{-1} d^{-1}と約20倍の差があり，総硝化速度の最大値は椎葉天然林での3.9 mgN kg^{-1} d^{-1}に対して上賀茂天然林と菅名天然林の0.04 mgN kg^{-1} d^{-1}と100倍近い差がある．

表4.7では，総硝化速度と総$NO_3^- - N$不動化速度で測定不能となったサイ

4.1 森林土壌における窒素無機化過程

表4.7 日本の森林土壌の総窒素無機化・総 NH_4^+-N 不動化速度，総硝化・総 NO_3^--N 不動化速度（0〜10 cm 深）
Urakawa et al. (2015) より引用．＊は図4.5の地点番号．

地点番号＊	サイト名	総窒素無機化速度	総 NH_4^+-N 不動化速度	総硝化速度	総 NO_3^--N 不動化速度
			mgN kg^{-1} d^{-1}		
1	雨龍人工林	2.49	3.26	1.41	0.11
1	雨龍天然林	2.20	1.53	0.39	0.23
2	標茶広葉樹林	5.00	7.71	1.66	0.27
2	標茶針葉樹林	3.13	5.41	0.42	0.08
3	足寄広葉樹林	3.45	5.19	1.07	0.69
3	足寄針葉樹林	1.76	2.89	0.33	0.21
4	安比天然林	13.41	16.94	3.51	3.15
5	盛岡ブナ林	6.18	9.23	2.53	0.69
6	秋田人工林	8.41	9.84	0.07	0.09
7	菅名人工林	4.50	5.77	2.71	1.42
7	菅名天然林	2.40	2.03	0.04	0.23
8	桂人工林	4.41	7.19	1.65	0.87
8	桂広葉樹林	2.57	5.90	0.15	0.78
9	草木天然林	2.99	1.99	0.97	1.16
9	大谷山老齢人工林	3.77	6.26	1.03	0.56
9	大谷山幼齢人工林	4.19	9.16	測定不能	測定不能
10	菅平マツ林	4.20	6.75	0.12	0.86
11	袋山沢 A 流域	2.39	3.17	0.65	0.27
11	袋山沢 B 流域	2.75	4.20	0.62	0.23
12	丹沢 A 流域	4.18	5.76	0.63	0.05
12	丹沢 B 流域	13.45	15.75	0.41	0.45
13	富士北麓 1	1.04	2.76	0.26	0.45
13	富士北麓 2	1.55	3.38	1.65	0.40
14	瀬戸フラックスサイト	1.47	1.92	0.05	0.45
15	芦生人工林	2.49	5.16	測定不能	測定不能
15	芦生天然林	2.41	2.52	2.26	1.06
16	上賀茂天然林	1.90	2.56	0.04	0.55
16	上賀茂ヒノキ林	2.16	3.18	0.05	0.11
17	椎葉人工林	2.46	4.49	0.87	0.52
17	椎葉天然林	15.83	18.25	3.78	2.48
18	高隈人工林	0.82	2.87	0.56	0.12
18	高隈天然林	1.13	1.83	0.32	0.54
19	与那天然林	2.81	2.23	1.00	1.12
20	蒜山人工林	1.82	2.52	0.33	2.31
20	蒜山天然林	3.95	6.89	0.25	0.42
21	鷹取山人工林	1.73	3.56	1.18	0.10
21	鷹取山天然林	1.13	2.44	0.74	0.26
	平均±標準偏差	3.85±3.49	5.47±4.14	0.96±0.98	0.67±0.71

トがいくつかある．これは式(4.13)，式(4.14)の前提条件が崩れ，速度が負値となったことを示す．同位体希釈法の想定範囲内で培養を行うためには，微生物の ^{15}N リサイクルが起こらないように培養時間を検討したり，添加する ^{15}N 同位体トレーサーの濃度を加減したりするなどの対策が必要である．総窒

素無機化速度に比べて総 NH_4^+ーN 不動化速度が高いサイトが多く，サイト平均値を見ても総窒素無機化速度は 3.9±3.5 mgN kg^{-1} d^{-1} であるのに対し，総 NH_4^+ーN 不動化速度は 5.5±4.1 mgN kg^{-1} d^{-1} と 1.4 倍ほど高い．一方，表 4.4 の純窒素無機化速度は多くのサイトで正値であり，総速度の結果とは矛盾するように見える．約 1 ヶ月間培養を行う純速度の測定に比べて総速度の測定は 24 時間と培養時間が非常に短いので，得られる速度は瞬間値と捉える必要がある．また，添加する ^{15}N 同位体トレーサーが施肥と似た働きをして，微生物の窒素取り込みが通常より活性化することで，結果として総 NH_4^+ーN 不動化速度が高くなった可能性もある．同位体希釈法により総速度を測定する時は，測定原理をよく理解し，期待する結果が手法の限界を超えることがないか，事前によく検討する必要がある．

　純速度測定に比べて同位体希釈法による総速度の測定はまだ適用例が少なく，細かな操作手順が確立しているとはいえない．測定目的や土壌の性質に応じて培養時間や温度，^{15}N 同位体トレーサーの濃度を個別に設定していることが多い．結果を公表する際には測定方法を詳細に記載することはもちろんのこと，エラー値が出た時にどのように対処したかについても記載する必要がある．

4.1.4　日本の森林土壌の窒素無機化・硝化速度の他地域との比較

　ここまで各種の窒素無機化・硝化速度の測定原理や手順について説明するとともに，日本各地の森林土壌で観測された速度を紹介してきた（表 4.4，表 4.7）．本項では，日本の森林土壌の窒素無機化・硝化速度が世界の他の地域で観測された速度と比べてどのような分布をするのか，どのような特徴があるのかを示す．ただし，土壌窒素無機化特性値について国レベルでの大規模な調査例は，世界を見ても非常に少ない上，データが公開され入手可能なものになるとさらに限られる．本項では，純速度については Colman & Schimel (2013) による北米大陸での調査，総速度については Booth *et al.* (2005) による文献調査を対象に比較を行う．

　Colman & Schimel (2013) による純窒素無機化・硝化速度は，北米大陸の 80 余ヵ所で採取された 0〜5 cm 深の表層土壌を用いて室内培養（20°C，25 日間）で測定されたものである．このうち温帯地域の針葉樹林および落葉樹林で

4.1　森林土壌における窒素無機化過程

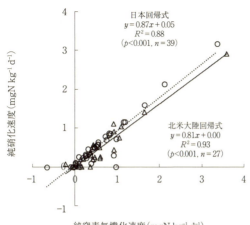

図 4.9　日本と北米大陸の森林土壌における純窒素無機化速度と硝化速度の関係
日本は Urakawa et al. (2015), 北米大陸は Colman & Schimel (2013) をもとに作成.

測定された純窒素無機化・硝化速度の平均値±標準偏差はそれぞれ 0.57 ± 0.74, 0.46 ± 0.62 mgN kg^{-1} d^{-1} であった. 日本の森林土壌の 0〜10 cm 層での純窒素無機化・硝化速度（20°C, 28 日間の室内培養, 表 4.4）はそれぞれ 0.57 ± 0.69, 0.54 ± 0.64 mgN kg^{-1} d^{-1} であった. 数値から見てわかる通り, 北米も日本も似通った値であり統計的な有意差もなかった（$p>0.05$, t-test）. 同じデータを用いて x 軸に純窒素無機化速度, y 軸に純硝化速度をプロットした図を見ると（図 4.9）, 北米, 日本ともに速度の分布がよく似ていることがわかる. どちらのデータとも純窒素無機化速度と純硝化速度の間には高い正の相関関係が見られ, 硝化速度は純窒素無機化速度の約 80〜90% であった. このことから, 温帯林として日本の森林土壌での純速度は標準的であるとともに, 地点間の速度の違いは北米大陸レベルに匹敵するほどの広い範囲に分布することがわかる.

Booth et al.（2005）は, 文献調査により世界中で測定された総窒素無機化・硝化速度のデータを集めた. 統一的手法による調査ではないため, 培養条件は出典ごとに異なる. この Booth et al.（2005）による調査結果のうち, 温帯林土壌で測定された値と日本の森林土壌における値を併せてプロットすると（図

第4章 土壌窒素動態の空間変動

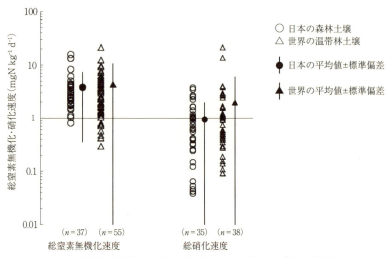

図4.10 世界の温帯林と日本の森林土壌における総窒素無機化・硝化速度
日本はUrakawa et al. (2015)、世界はBooth et al. (2005) の図8d, gをもとに作成.

4.10)、日本の総速度は世界の速度とほぼ同範囲に位置することがわかる。世界の温帯地域の樹林地における総窒素無機化速度および総硝化速度の平均値±標準偏差は、それぞれ $4.32±6.32$、$1.94±3.97$ mgN kg^{-1} d^{-1} となる。日本の森林土壌における値はそれぞれ $3.85±3.49$、$0.96±0.98$ mgN kg^{-1} d^{-1} であり（表4.7）、統計的な有意差は見られなかった。このことから日本の森林土壌の総速度も、温帯林の値として標準的であることがわかる。

純速度と総速度の他地域との比較から、日本の森林土壌における窒素形態変化速度の平均値は標準的であるが、値の変動範囲は国を超えて大陸スケールなどより広い地域のものに匹敵することがわかった。日本は南北に細長い島国であり、気候帯は冷温帯～亜熱帯まで幅広い。また列島中央の脊梁山脈を挟んで、日本海側では冬季に多雪である一方、太平洋側では冬季乾燥といった、地形特性によりもたらされた気候パターンがある。以上のような幅広い気候条件下で醸成された多種多様な植生や土壌が、窒素無機化・硝化特性に大きな影響を与えていることが示唆される。

4.2 窒素無機化・硝化を取り巻く環境要因

　前節まで，土壌中の窒素形態変化のプロセスと日本の森林土壌で観察された値について述べてきた．本節では，窒素形態変化速度（特に窒素無機化・硝化）がどのような環境要因の影響を受けているのか（速度の高い低いがどのような要因により左右されているのか）を検討する．なお本節での議論で使用する土壌の特性値は（すでに一部は前節でも登場しているが），日本全国43ヵ所の森林において2012～2015年にわたり同一手法で調査されたものであり（Urakawa et al., 2015），http://db.cger.nies.go.jp/JaLTER/ER_DataPapers/archives/2014/ERDP-2014-02 で公開されている．データセットのバージョンはVer. 3（2017年10月更新）である．データセットは無料でダウンロードできるので，興味のある読者は自分のデータとの比較検討などに活用してほしい．

4.2.1　空間スケールによる環境要因の変化と直接・間接的な作用

　土壌中の窒素形態変化過程がどのような環境要因によってコントロールされているのかについて取り組んだ研究は，非常に多い．前節までに述べてきたように，植物は生育に必要な窒素の大部分を土壌微生物による窒素無機化・硝化作用に依存している．したがって，森林や農耕地における植物の成長や収穫量，気候変動に伴う土壌の窒素可給性の変動を予測するために，土壌中の窒素形態変化の要因解析は重要な研究課題である．しかし，どのような環境要因が課題を解く鍵（あるいは，説明力のある要因）であるかについては，個々の課題が取り扱う地域の広さ（空間スケール）に依存する（Aerts, 1997）．たとえば，全球レベルといった広大な空間スケールにおいては，気候条件（気温，降水量）や基質の量といった，基礎的な項目が重要となる（Booth et al., 2005; Colman & Schimel, 2013）．空間スケールが小さくなると，たとえば気候条件は対象地域内でほとんど差がないと見なせるので重要な要因ではなくなり，植生の種類（Hobbie, 1992, 2015），土壌の酸性度（Cookson et al., 2007; Tian et al., 2012），塩分濃度（McClung & Frankenberger, 1985; Noe et al., 2013），土壌水分（Gutiérrez-Girón et al., 2014）などの，対象地域内で特色となるような

第4章　土壌窒素動態の空間変動

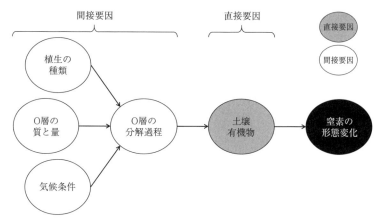

図4.11　直接的・間接的な環境要因の例

項目が説明力の強い要因となる．以上のように，対象とする地域の空間スケールによって考慮しなければならない要因が変化するので，土壌中の窒素形態変化にどのような環境要因が影響を及ぼしているか検討する際には，対象地域においてその場所を特徴づけている要因と空間スケールの大きさを事前に把握する必要がある．

　土壌窒素の形態変化に影響を与える要因にはさまざまなものがあるが，こうした環境要因と窒素形態変化との間には，直接・間接的な因果関係があることにも留意する必要がある（Binkley & Giardina, 1998）．環境要因のすべてが窒素形態変化を直接コントロールしているわけではなく，窒素形態変化に直接作用する要因を間接的に制限・制御する要因もある．図4.11にこの例を示す．土壌有機物は，基質として直接的に窒素形態変化をコントロールすると考えられている（Booth et al., 2005；Cookson et al., 2007）が，その土壌中の量および質は，原料となるO層の分解過程に影響を受ける（Berg & McClaugherty, 2014）．O層の分解過程は，その量と質に制限される（Coûteaux et al., 1995；Fierer et al., 2005）とともに，その原料であるリターフォールを産出する植生の種類（Hobbie, 1992；Ono et al., 2013）や，気候条件によって制限される（Coûteaux et al., 1995；Aerts, 1997；Inagaki et al., 2010）．つまりこの模式図では，気候条件はO層の分解過程と土壌有機物を介して，窒素無機化・硝化に影響を及ぼしているということになる．

4.2 窒素無機化・硝化を取り巻く環境要因

土壌窒素の形態変化にどのような環境要因が影響を及ぼしているかを検討するにあたり，どのような環境要因が問題となるか対象地域の空間スケールから判断することと，環境要因の間の直接・間接的な因果関係を考慮に入れて検討することが重要である．

4.2.2 日本の森林土壌における窒素形態変化と環境要因の関係

日本の森林土壌における窒素無機化・硝化速度には，どのような環境要因が影響を及ぼしているだろうか．本項では，Urakawa *et al.*（2016）の解析結果に基づき，土壌の窒素形態変化とそれを取り巻く環境要因の全国スケールでの因果関係の例を示す（図 4.12）．窒素の形態変化（窒素無機化・硝化の純および総速度）は主に鉱質土層で起こるので，鉱質土層の特性（土壌酸性度，有機物濃度および塩分濃度）の影響を直接的に受けていると考えられる．鉱質土層はその原料となる O 層の特性（O 層の量と質）や，O 層のもととなる樹種の種類，および土壌を生成する環境としての気候条件が影響していると考えられる．つまり，窒素の形態変化に対して，鉱質土層の特性は直接要因，O 層の特性と地上部の特性（気候条件および樹種）は間接要因と捉えることができる．

この関係をもう少し細かく見てみよう（図 4.13）．「暖かさ」は，森林の樹

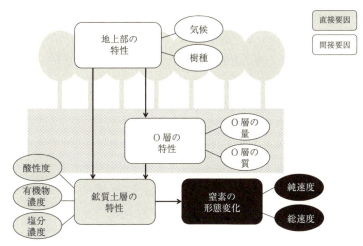

図 4.12　窒素形態変化とその環境要因の因果関係（概念図）

第4章 土壌窒素動態の空間変動

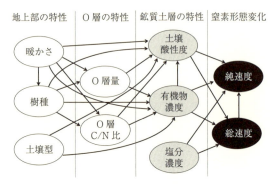

図 4.13 窒素形態変化とその環境要因の因果関係
詳細図，Urakawa et al., 2016 をもとに作成．

種構成にかかわるとともに，有機物の分解反応における温度条件にもかかわるので，O 層の量と質（ここでは C/N 比）および鉱質土層の有機物濃度と土壌酸性度に作用することが予測される．「樹種」は，リターフォール供給を通じて O 層の量と質および鉱質土層の酸性度と有機物濃度をコントロールしていると考えられる．「土壌型」は，本例では FAO/WRB による区分（IUSS Working Group WRB, 2014）を使用しており，日本の森林土壌の場合，おおまかに火山灰を母材としているか否かの指標となる．土壌型は，鉱質土層の有機物濃度および酸性度に影響すると考えられる．「O 層量」および「O 層の質（O 層 C/N 比）」はいずれも鉱質土層の酸性度および有機物濃度に影響を与えることが予想される．「土壌酸性度」，「有機物濃度」および「塩分濃度」はいずれも，窒素無機化・硝化の純速度および総速度に影響を与えていると考えられる．そして最後に，純速度（純窒素無機化・硝化速度）は，そのもととなる総速度（総窒素無機化・硝化速度）にコントロールされていると考えられる．以上で挙げた個々の直接・間接要因の関係性についてはいくつかの先行研究でも認められている（たとえば，Coûteaux et al., 1995; Batjes, 1996; Schimel & Bennett, 2004; Booth et al., 2005; Fierer et al., 2005; Cookson et al., 2007; Takahashi et al., 2010; Ugawa et al., 2012; Colman & Schimel, 2013; Noe et al., 2013; Ono et al., 2013; Berg & McClaugherty, 2014）．

次項以降ではこの関係をもとにして，それぞれの環境要因が実際にどのくらいの影響力をもつかについて，パス解析（PLS パスモデリング）（Sanchez,

4.2 窒素無機化・硝化を取り巻く環境要因

表 4.8 日本の森林土壌の地上部，O 層および鉱質土層（0〜10 cm 深）の特性値 Urakawa et al.（2015）より引用．

サイト名	優占樹種	土壌型 FAO/WRB	緯度 °	暖かさ MAT °C	MAP mm y⁻¹	O 層 量 Mg ha⁻¹	C/N	土壌酸性度 pH (H₂O)	WSOC mgC kg⁻¹	土壌塩分濃度 Na⁺ mmol kg⁻¹	Cl⁻	土壌有機物濃度 全炭素 %	全窒素 %
雨龍人工林	トドマツ	Cambisols	44.4	4.4	1150	20.1	41.3	5.00	136.0	0.91	0.37	6.84	0.48
雨龍天然林	ミズナラ	Cambisols	44.4	4.4	1150	15.0	32.2	4.74	141.7	0.44	0.19	6.99	0.44
標茶広葉樹林	ミズナラ	Andosols	43.4	6.2	1170	9.8	29.8	5.42	146.8	1.40	0.60	11.22	0.81
標茶針葉樹林	カラマツ	Andosols	43.3	6.2	1170	21.4	33.4	5.73	64.8	0.81	0.34	6.72	0.45
足寄広葉樹林	オオバボダイジュ	Andosols	43.3	6.4	820	9.6	26.7	6.41	80.6	0.58	0.28	7.94	0.54
足寄針葉樹林	カラマツ	Andosols	43.3	6.4	820	16.5	33.7	6.13	46.2	0.75	0.38	4.87	0.25
安比天然林	ブナ	Andosols	40.0	9.5	1140	8.7	27.1	4.35	244.5	1.20	0.25	15.35	0.95
盛岡ブナ林	ブナ	Andosols	39.8	10.6	1330	12.8	31.7	5.44	138.5	0.20	0.16	14.15	0.97
秋田人工林	スギ	Cambisols	39.9	11.2	1680	27.8	62.7	5.63	196.4	1.97	0.97	7.06	0.41
菅名人工林	スギ	Cambisols	37.7	13.1	2330	18.4	46.6	4.60	245.6	1.11	0.25	12.50	0.69
菅名天然林	ブナ	Cambisols	37.7	13.1	2330	20.4	26.5	4.72	226.3	1.13	0.37	13.35	0.60
桂人工林	スギ	Andosols	36.5	12.9	1380	8.1	62.2	5.84	40.3	0.69	0.35	9.58	0.55
桂広葉樹林	コナラ	Andosols	36.5	12.9	1380	7.5	42.5	5.55	48.9	0.62	0.43	10.48	0.53
草木天然林	ミズナラ	Andosols	36.5	9.0	1710	13.8	31.7	5.01	143.5	1.10	0.19	12.00	0.66
大谷山老齢人工林	スギ	Andosols	36.6	9.8	1690	10.5	57.7	5.16	47.2	0.63	0.17	11.59	0.64
大谷山幼齢人工林	スギ	Andosols	36.6	9.8	1690	2.9	50.5	5.48	35.6	0.25	0.08	9.00	0.65
菅平マツ林	アカマツ	Andosols	36.5	6.6	1220	22.4	38.8	5.11	144.4	0.98	0.47	19.56	0.92
袋山沢 A 流域	スギ	Cambisols	35.2	14.0	2310	16.6	94.8	6.68	20.6	1.06	0.37	4.60	0.25
袋山沢 B 流域	スギ	Cambisols	35.2	14.0	2310	3.8	82.5	6.61	21.8	0.97	0.37	4.60	0.27
丹沢 A 流域	ヒノキ	Cambisols	35.5	11.0	2910	9.9	86.1	6.82	24.2	0.54	0.18	7.00	0.55
丹沢 B 流域	ヒノキ	Cambisols	35.5	11.0	2910	2.8	81.6	6.78	36.2	0.54	0.14	6.55	0.56
富士北麓 1	カラマツ	Regosols	35.4	8.8	1850	73.0	41.1	7.41	24.0	0.43	0.17	4.43	0.25
富士北麓 2	カラマツ	Andosols	35.4	8.8	1850	61.3	32.5	6.68	35.5	0.50	0.16	11.51	0.82
瀬戸フラックスサイト	ソヨゴ	Cambisols	35.3	14.6	1520	11.9	34.7	4.18	168.7	0.54	0.22	5.19	0.18
芦生人工林	スギ	Cambisols	35.3	11.9	2250	13.3	74.6	5.78	31.6	0.91	0.39	7.05	0.41
芦生天然林	ブナ	Cambisols	35.4	11.9	2250	33.9	24.4	3.55	355.0	0.31	0.17	12.82	0.71
上賀茂天然林	コナラ	Cambisols	35.1	14.2	1530	10.9	47.9	4.44	126.7	0.71	0.27	7.74	0.24
上賀茂ヒノキ林	ヒノキ	Cambisols	35.1	14.2	1530	29.5	37.6	4.69	169.0	0.19	0.11	5.03	0.20
椎葉人工林	ヒノキ	Cambisols	32.4	13.1	2660	5.9	100.4	5.06	9.8	0.48	0.22	6.24	0.39
椎葉天然林	シデ類	Cambisols	32.4	13.1	2660	1.7	31.6	4.97	71.3	0.37	0.10	8.79	0.68
高隈人工林	スギ	Cambisols	31.5	14.9	3080	8.9	64.9	6.71	7.0	0.58	0.24	2.85	0.11
高隈天然林	スダジイ	Regosols	31.5	14.9	3080	9.1	34.5	5.71	106.7	0.32	0.11	1.75	0.11
与那天然林	スダジイ	Acrisols	26.8	20.9	2552	6.8	40.8	4.97	144.7	2.35	1.59	3.39	0.11
蒜山人工林	ヒノキ	Andosols	35.3	11.3	2060	14.9	42.0	5.20	51.6	1.00	0.55	17.84	0.89
蒜山天然林	クヌギ	Andosols	35.3	11.3	2060	16.1	26.8	4.84	100.3	0.56	0.45	19.93	1.03
鷹取山人工林	スギ	Cambisols	33.3	13.3	2720	10.8	53.6	5.79	36.2	0.16	0.05	6.55	0.44
鷹取山天然林	モミ	Cambisols	33.3	13.3	2720	3.3	36.2	5.67	82.0	0.25	0.12	6.12	0.44
最大			44.4	20.9	3080	73.0	100.4	7.41	355.0	2.35	1.59	19.93	1.03
最小			26.8	4.4	820	1.7	24.4	3.55	7.0	0.16	0.05	1.75	0.11
平均±標準偏差			36.7 ±4.0	11.2 ±3.5	1920 ±660	16.0 ±14.6	47.1 ±20.8	5.46 ±0.89	101.4 ±80.6	0.72 ±0.47	0.32 ±0.28	8.90 ±4.52	0.52 ±0.26

2013）という統計モデリング手法で計算を行う（Urakawa et al., 2016）．しかしその前に，個々の環境要因が値としてどれくらいの幅をもち，他の要因と個別にどのような関係があるか見てみよう．

4.2.3 環境要因間の関係と変動範囲

A. 暖かさ

気候条件を示す環境要因の「暖かさ」には，年間平均気温（mean annual temperature：MAT），年間平均降水量（mean annual precipitation：MAP）および緯度（北緯）がかかわっている．今回使用したデータセットのサイト位置は，緯度が北海道の北緯44°から沖縄の27°までの間に分布している（表4.8）．年間平均気温および年間平均降水量（いずれも直近10年間の平均値）は，それぞれ4～20℃，820～3,080 mm y^{-1} だった（表4.8）．緯度とMAT，MAPの間には，いずれも負の相関関係があり（図4.14），北になるほど気温が低く，降水量が少なくなる傾向があることがわかる．今回使用しているデータセットは，気温と降水量の分布レンジが広いので，暖かさの要因がO層や土壌の分解過程に作用し，間接的に土壌窒素の形態変化に影響を与えている可能性がある．

B. 土壌酸性度

土壌酸性度は，鉱質土層のpH（H$_2$O）と溶存有機態炭素（WSOC：water soluble organic carbon）濃度に関連する要因である．それぞれの項目は，土壌に純水を加え撹拌した時，液相に含まれるH$^+$イオン濃度と有機態の炭素濃度を示す．今回使用したデータセットのpH（H$_2$O）の分布範囲は，3.6の強酸性から7.4の中性まで幅広かった（表4.8）．また，WSOCも同様に，7～

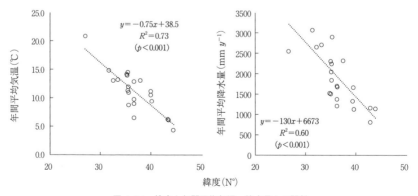

図4.14 緯度と年間平均気温，降水量との関係

4.2 窒素無機化・硝化を取り巻く環境要因

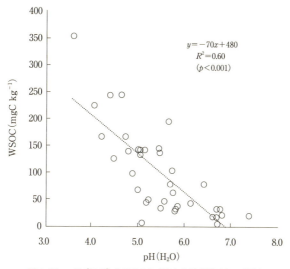

図 4.15 pH（H_2O）と WSOC（溶存有機態炭素）の関係

350 mgC kg^{-1} と最大値は最小値の 50 倍と幅広い分布をもっていた．pH（H_2O）と WSOC の間には，有意な負の相関関係が見られた（図 4.15）．pH（H_2O）が低下し酸性になるほど WSOC 濃度が増加しており，WSOC の実態は有機酸であることを示唆している．土壌酸性度は，前節で説明した通り，硝化過程の最初でアンモニウムイオンをアンモニアに変換する際に問題となる．また，微生物が活動するために必要な酵素の活性は pH の影響を受け，土壌酸性度は窒素の形態変化を左右する重要な要因となる可能性がある．

C. 土壌塩分

土壌塩分は，鉱質土層に含まれる水溶性 Na^+ および Cl^- イオン濃度（土壌：純水を 1：5 で抽出）で構成される要因である．図 4.16a を見てわかる通り，Na^+ と Cl^- 濃度の間には有意な正の相関関係がある．また図 4.16b には，海岸線までの距離と Cl^- 濃度の関係を示した．相関は有意ではなかったが，海岸線までの距離が近ければ Cl^- 濃度が高くなる傾向が見られる．特に，海風の影響が強い沖縄県の与那天然林や秋田県の秋田人工林では，土壌中の Na^+ および Cl^- 濃度が顕著に高かった（表 4.8，図 4.16b）．過剰な土壌塩分は，Ca^{2+} や Mg^{2+} などの他の養分イオンの土壌からの溶脱を促進したり，土壌溶

第4章 土壌窒素動態の空間変動

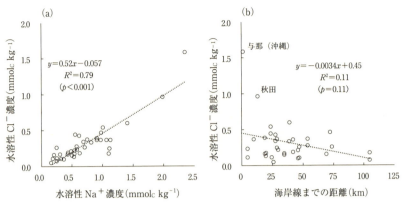

図 4.16 水溶性 Na^+ 濃度と Cl^- 濃度の関係（a），海岸線までの距離と Cl^- 濃度の関係（b）

液のイオンバランスを撹乱したりすることによって，土壌の窒素形態変化を含む微生物活動に影響を与える可能性がある．

D．樹種，O 層，鉱質土層の特性

次に，複数の要因に関連している樹種の影響について見てみよう．本例では，天然林によく見られる落葉広葉樹としてブナ（4サイト）とミズナラ（3サイト），人工林で植栽される樹種としてヒノキ（5サイト），スギ（10サイト），カラマツ（4サイト），その他の樹種（11サイト）には，スダジイやソヨゴなどの常緑広葉樹，コナラ，クヌギなどの落葉広葉樹など，さまざまな樹種が出現している（表4.8）．樹種は，それぞれ特有の性質のリターフォールの供給を通して O 層や鉱質土層の特性に直接影響を与えていると考えられる．O 層量を樹種ごとに見てみると（図4.17a），カラマツは平均で 40 Mg ha^{-1} 以上と，他の樹種に比べて2倍以上多い．O 層の分解程度を示す C/N 比は（図4.17b），人工林樹種であるスギとヒノキで有意に高く，分解程度が低い傾向が見られた．樹種ごとの土壌特性値（いずれも 0〜10 cm の値）を見ると，土壌酸性度の指標である pH（H_2O）は，天然林樹種のブナとミズナラで低く，人工林樹種のヒノキ，スギ，カラマツで高くなる傾向が見られた（図4.17c）．土壌有機物濃度の指標である全炭素と全窒素濃度は樹種間の有意差はないものの，pH（H_2O）とは逆に，天然林樹種で多く，人工林樹種にいくに従い減少する傾向が見られた（図4.17d，e）．以上のように，樹種によって O 層や鉱質土層の特

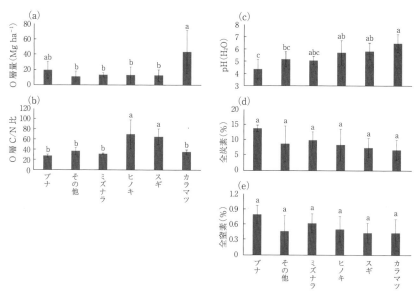

図4.17 樹種とO層，鉱質土層の特性との関係
土壌特性値は0〜10 cm深の値．アルファベットは樹種間の有意差を示す（$p < 0.05$）．

性が異なることがわかる．樹種が間接的に土壌の窒素無機化・硝化過程に何らかの影響を与えていることが示唆される．

E. 土壌型と鉱質土層の特性

本例で使用しているFAO/WRBによる土壌区分では，日本の森林土壌は主にAndosolsとCambisolsの2つに分けられる（表4.8）．Andosolsは火山灰を母材とする土壌で，火山国である日本には広く分布している．有機物含量が高いこと，容積重が小さいこと，活性アルミ濃度が高いことが特徴である（Wada *et al.*, 1986; Batjes, 1996; Imaya *et al.*, 2010; Nanko *et al.*, 2014）．一方，Cambisolsも日本の森林土壌によく出現するが，火山灰を主要な母材とせず，風化のあまり進んでいない土壌である．そのほかに，最近に火山噴出物が堆積した場所に未熟土のRegosols，亜熱帯性気候下で風化の進んだAcrisolsがわずかに出現している．このように，土壌型区分は土壌生成様式の違いを把握することができる．土壌型と鉱質土層の特性との関係を見ると，有意差はなかったものの，pH（H_2O）は，その他＞Andosols＞Cambisolsの順に低く，全炭素および全窒素は，Andosolsがほか2つに比べて有意に高い傾向がある（図

第4章 土壌窒素動態の空間変動

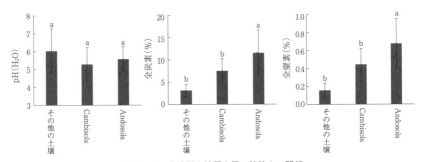

図4.18 土壌型と鉱質土層の特性との関係
土壌特性値は0〜10 cm深の値．アルファベットは土壌型間の有意差を示す（$p < 0.05$）．

4.18)．土壌型も，土壌酸性度や土壌有機物などの鉱質土層のさまざまな特性に影響を与えることで，窒素無機化・硝化過程に作用している可能性がある．

4.2.4 パス解析による窒素形態変化を取り巻く要因

前項で検討してきた部分的な関係を，全要因の関係に拡大して見てみよう．図4.19にパス解析の結果を示す．窒素無機化・硝化の純速度に対して有意な因果関係があったのは総速度のみで，土壌酸性度，有機物濃度や土壌塩分の影響は有意ではなかった．このことから，純速度で示される樹木への無機態窒素可給性にとって，鉱質土層の特性（酸性度，有機物濃度，塩分）よりも総速度で示される微生物活性が重要であることがわかる．一方，総速度に対して有意な要因は有機物濃度のみであり，酸性度や塩分の影響は有意ではなかった．

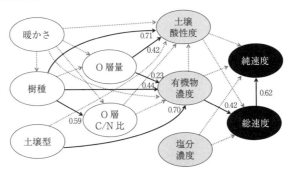

図4.19 窒素形態変化とその環境要因の因果関係
パス解析の結果，Urakawa *et al.* (2016) を改変．黒い実線は有意な因果関係を示す（$p < 0.05$）．矢印の横の数字は因果関係の強さを示す．

土壌の有機物濃度はO層量，樹種および土壌型から有意な影響を受けており，この3つの要因の中で土壌型の影響が最も強かった．鉱質土壌の全炭素および全窒素濃度はAndosolsで高い傾向がある（図4.18）ことから，火山灰土壌が有機物を蓄積する性質（Imaya *et al.*, 2010）を反映し，さらにその性質が間接的に土壌窒素の形態変化にも影響を及ぼしていることが推察される．

有機物濃度はまた，樹種からも有意な影響を受けていた（図4.19）．図4.17d, eを見ると，土壌の全炭素・全窒素濃度は天然林樹種のブナやミズナラで高く，人工林樹種のヒノキ，スギ，カラマツで低い傾向があった．人工林では伐採等の森林施業を行うと，リターフォールによる有機物の供給が少なくなることや，林床や土壌中の有機物分解が促進するため，土壌中の有機物量は減少する（Aber *et al.*, 1978; Parker *et al.*, 2001）．これに対して天然林では，基本的に施業が行われないので土壌中の有機物損失は最低限に保たれる．このように，森林タイプによる施業の有無が土壌有機物濃度に作用し，さらに間接的に窒素形態変化に影響を及ぼしていることが推察される．

さらに日本では，森林が主に急峻な山地斜面上に成立しているため，斜面位置によって有機物分解や土壌の物理的・化学的性質が異なることを考慮する必要がある（Hirobe *et al.*, 1998; Hishi *et al.*, 2004; Tateno & Takeda, 2010）．たとえば山地斜面の上部，尾根筋では，水の集まりやすい谷筋に比較して土壌が乾燥し，有機物分解が進みにくいので土壌の有機物濃度が高く，不完全な分解で生成される有機酸のために土壌が比較的酸性となる．また，天然林を人工林化する時に，施業を行いやすい斜面下部を皆伐し，スギ・ヒノキなどの人工林樹種を植栽する傾向があるので，アクセスしにくい尾根筋に天然林が残る傾向がある．図4.17c, d, eで，天然林樹種でpH（H_2O）が低く，全炭素・全窒素濃度が高い傾向や，図4.18で樹種が土壌酸性度に対して有意な因果関係をもっていることは，以上のような地形的な要因や土地利用歴（森林施業歴）によるものと考えられる．

樹種はまた，O層のC/N比に有意な影響を及ぼしていた．図4.17bによると，落葉樹種（ブナ，ミズナラ，カラマツ）よりも常緑樹種（スギ，ヒノキ）で高い傾向が見られるが，樹種によってリターフォールの性質が異なり，それに伴い分解過程が変化するので，O層の質が変化する（Hobbie, 1992, 1996;

Ono *et al.*, 2013；小柳ほか，2002）ためと考えられる．

O層量は，樹種や土壌型と比較すると影響力は小さいが，土壌酸性度と有機物濃度に対して有意な因果関係をもっていた（図4.19）．O層量は土壌有機物の原料であるため，その分解過程を通して鉱質土層の特性に影響を及ぼしているものと考えられる（Hobbie, 1992, 2015；Coûteaux *et al.*, 1995）．

本項では国スケールでの要因解析の結果を見てきたが，前項の個別の関係から推察される因果関係が有意なものもあれば，そうでないものもあった．たとえば，暖かさや土壌塩分は，直接的にも間接的にも，土壌の窒素形態変化に対して有意な作用を及ぼしていなかった．また，土壌微生物の活性や土壌溶液のイオンバランスに多大な影響を及ぼしていると考えられる土壌酸性度は，窒素形態変化に対しては有意な因果関係が見られなかった．今回の解析では，日本の森林土壌における窒素形態変化に対しては，基質となる土壌有機物濃度が強い影響力をもっており，有機物濃度には，土壌型，樹種およびO層量がかかわっていることが明らかとなった．この中でも特に土壌型で示される土壌母材の種類，日本では火山灰土壌であるか否かが有機物濃度の重要な要因であった．そして間接的に，窒素無機化・硝化過程に対して，火山灰土壌の高い有機物含量が強く影響していることが示された．

4.2.5 要因解析の課題

今回紹介したパス解析では，すべてのサイトで信頼できるデータが得られていないため，窒素沈着量の土壌窒素動態に及ぼす影響を考慮しなかった．しかし欧米では，生態系に過剰な窒素が流入することによって，窒素循環が撹乱されることが明らかにされている（Gundersen *et al.*, 1998；Mitchell, 2011）．また日本でも近年，都市近郊で窒素飽和現象が発現している森林流域の存在が確認されている（詳しくは第2章を参照．Ohrui & Mitchell, 1997；Ohte *et al.*, 2001；Shibata *et al.*, 2011）．さらに，越境大気汚染物質の流入量が今後も増加していくことが懸念されている（環境省，2014）．よって，大気汚染物質や窒素沈着量に関するデータが得られれば，モデル構造や解析方法を見直す必要があるだろう．

土壌酸性度と有機物濃度の関係について，今回は有機物濃度が原因で酸性度

が結果という因果関係を仮定したが，捉えようによっては逆の関係（土壌が酸性になると，分解過程が阻害されて有機物濃度が上昇するなど）や，相互に影響を及ぼし合うフィードバックの関係も考えられるだろう．また，樹木は地上部の特性として間接的に土壌窒素の形態変化にかかわるようなパス構造としたが，根のターンオーバー（生え替わり）を通じて，土壌の窒素動態に直接影響を及ぼしている可能性もある（Tateno & Takeda, 2010; Fukuzawa *et al.*, 2013; Hobbie, 2015）．以上のことから，データセットを充実させるだけでなく，モデル構造の吟味も今後は必要となるだろう．

以上のように，今回紹介した因果関係の分析は，取り扱ったデータセットや環境要因の項目に不足があることや，モデル構造に不完全な部分があるため発展途上の段階である．データセットの拡充や解析手法の向上を通じて，より確からしい因果関係を模索することは，今後予想される人為撹乱や気候変動に対して森林生態系の物質循環がどのように変化するのかを予測するために重要である．

おわりに

本章ではまず，はじめにで森林生態系に存在する窒素化合物の種類を挙げ，窒素化合物が形態変化しながら，気相・液相・固相間を間断なく移動していることを説明した．また，樹木への窒素供給は，その大部分を土壌微生物が担う窒素無機化・硝化過程に依存していることを示した．4.1節では，この窒素無機化・硝化過程を詳しく取り上げるとともに，室内や野外における窒素無機化・硝化速度の測定方法について測定原理から応用法まで説明した．各方法には長所・短所があり，欠点を克服するために常に改良が行われていることも紹介した．4.2節では日本各地の森林で測定された窒素無機化・硝化速度とそれらを取り巻く土壌やO層などの特性値を用いて，どのような環境要因が土壌窒素の形態変化に影響を及ぼしているかについて議論した．日本の一国スケールでの要因解析では，土壌型や森林タイプによる施業の有無，そして斜面位置が土壌窒素の形態変化に影響を及ぼしていることが示唆された．しかし，今回紹介した要因解析は一例であり，今後調査サイトが増加したり，技術開発によ

って新たな測定項目が追加されたりすれば，因果関係はまったく異なったものになる可能性がある．

　環境中での窒素動態を把握する方法は，日々進歩している．たとえば，微生物の種類・量・活性を測定する技術が向上してきているので（たとえばKerfahi et al., 2017），窒素無機化・硝化過程を担う微生物相とそれらをコントロールする要因についての理解が深まることが予想される．また，窒素，酸素などの安定同位体比を用いた研究手法も発展しており（第2章），環境中のさまざまな形態の窒素がどのような反応経路を通じて生じたものなのか，より詳細に把握することが可能になってきている．このような技術発展によって，今後懸念される森林生態系を取り巻く環境の変化に対して，土壌窒素の形態変化がどのような反応をするのか，またそれに伴って森林生態系がどのように変化していくのか，より正確に予測可能となることが期待される．

引用文献

Aber, J. D., Botkin, D. B. *et al.* (1978) Predicting the effects of different harvesting regimes on forest floor dynamics in northern hardwoods. *Can J For Res*, **8**, 306–315.

Aber, J. D., Ollinger, S. V. *et al.* (1997) Modeling nitrogen saturation in forest ecosystems in response to land use and atmospheric deposition. *Ecol Model*, **101**, 61–78.

Adams, M. A., Attiwill, P. M. (1986) Nutrient cycling and nitrogen mineralization in eucalypt forests of south-eastern Australia. *Plant Soil*, **92**, 341–362.

Aerts, R. (1997) Climate, leaf litter chemistry and leaf litter decomposition in terrestrial ecosystems: A triangular relationship. *Oikos*, **79**, 439–449.

Asada, K., Eguchi, S. *et al.* (2013) Modifying the LEACHM model for process-based prediction of nitrate leaching from cropped Andosols. *Plant Soil*, **373**, 609–625.

Batjes, N. H. (1996) Total carbon and nitrogen in the soils of the world. *Eur J Soil Sci*, **47**, 151–163.

Berg, B., McClaugherty, C. (2014) *Plant Litter, Decomposition, Humus Formation, Carbon Sequestration, 3rd edition.* pp. 315, Springer.

Binkley, D., Giardina, C. (1998) Why do tree species affect soils? The warp and woof of tree-soil interactions. *Biogeochemistry*, **42**, 89–106.

Booth, M. S., Stark J. M., *et al.* (2005) Controls on nitrogen cycling in terrestrial ecosystems: A synthetic analysis of literature data. *Ecol Monogr*, **75**, 139–157.

Colman, B. P., Schimel, J. P. (2013) Drivers of microbial respiration and net N mineralization at the continental scale. *Soil Biol Biochem*, **60**, 65–76.

Cookson, W. R. R., Osman, M. *et al.* (2007) Controls on soil nitrogen cycling and microbial community composition across land use and incubation temperature. *Soil Biol Biochem*, **39**, 744–756.

引用文献

Coûteaux, M. M., Bottner, P. *et al.* (1995) Litter decomposition climate and litter quality. *Trends Ecol Evol*, **10**, 63–66.

DiStefano, J. F., Gholz, H. L. H. (1986) A proposed use of ion exchange resins to measure nitrogen mineralization and nitrification in intact soil cores. *Commun Soil Sci Plant Anal*, **17**, 989–998.

Eno, C. F. (1960) Nitrate production in the field by incubating the soil in polyethylene bags. *Soil Sci Soc Am Proc*, **24**, 277–279.

Fierer, N., Craine, J. M. *et al.* (2005) Litter quality and the temperature sensitivity of decomposition. *Ecology*, **86**, 320–326.

Fukuzawa, K, Shibata, H. *et al.* (2013) Temporal variation in fine-root biomass, production and mortality in a cool temperate forest covered with dense understory vegetation in northern Japan. *For Ecol Manage*, **310**, 700–710.

Gundersen, P., Callesen, I. *et al.* (1998) Nitrate leaching in forest ecosystems is related to forest floor C/N ratios. *Environ Pollut*, **102**, 403–407.

Gutiérrez-Girón, A., Rubio, A. *et al.* (2014) Temporal variation in microbial and plant biomass during summer in a Mediterranean high-mountain dry grassland. *Plant Soil*, **374**, 803–813.

Hart, S. C., Stark, J. M. *et al.* (1994) Nitrogen Mineralization, Immobilization, and Nitrification. In: Methods of Soil Analysis, Part 2. Microbiological and Biochemical Properties. (eds. Weather, R. W., Angle, S. *et al.*) pp. 985–1018, Soil Science Society of America.

He, J., Hu, H. *et al.* (2012) Current insights into the autotrophic thaumarchaeal ammonia oxidation in acidic soils. *Soil Biol Biochem*, **55**, 146–154.

Hirobe, M., Tokuchi, N. *et al.* (1998) Spatial variability of soil nitrogen transformation patterns along a forest slope in a *Cryptomeria japonica D. Don* plantation. *Eur J Soil Biol*, **34**, 123–131.

Hishi, T., Hirobe, M. *et al.* (2004) Spatial and temporal patterns of water-extractable organic carbon (WEOC) of surface mineral soil in a cool temperate forest ecosystem. *Soil Biol Biochem*, **36**, 1731–1737.

Hobbie, S. E. (1992) Effects of plant species on nutrient cycling. *Trends Ecol Evol*, **7**, 336–339.

Hobbie, S. E. (1996) Temperature and Plant Species Control Over Litter Decomposition in Alaskan Tundra. *Ecol Monogr*, **66**, 503–522.

Hobbie, S. E. (2015) Plant species effects on nutrient cycling: Revisiting litter feedbacks. *Trends Ecol Evol*, **30**, 357–363.

Hutson, J. L. (2005) LEACHM (leaching estimation and chemistry model) ver. 4.1. Research Series No. R03-1. Department of Crop and Soil Sciences, Cornell University, Ithaca, revision version of 2003.

Imaya, A., Yoshinaga, S. *et al.* (2010) Volcanic ash additions control soil carbon accumulation in brown forest soils in Japan. *Soil Sci Plant Nutr*, **56**, 734–744.

Inagaki, Y., Okuda, S. *et al.* (2010) Leaf-litter nitrogen concentration in hinoki cypress forests in relation to the time of leaf fall under different climatic conditions in Japan. *Ecol Res*, **25**, 429–438.

Isobe, K., Koba, K. *et al.* (2011) Nitrification and nitrifying microbial communities in forest soils. *J For Res*, **16**, 351–362.

第4章　土壌窒素動態の空間変動

IUSS Working Group WRB (2014) World reference base for soil resources 2014. International soil classification system for naming soils and creating legends for soil maps. World Soil Resources Reports No. 106. FAO, Rome.
環境省 (2014) 越境大気汚染・酸性雨 長期モニタリング報告書（平成20～24年度), pp. 238, 環境省.
河田 弘 (1989) 森林土壌学概論. pp. 399, 博友社.
Kerfahi, D., Tateno, R. et al. (2017) Development of Soil Bacterial Communities in Volcanic Ash Microcosms in a Range of Climates. Microb Ecol. doi: 10.1007/s00248-016-0873-y.
Killham, K., Prosser, J. I. (2015) The bacteria and archaea. In: Soil Microbiology, Ecology and Biochemistry, 4th edition (ed. Paul, E. A.) pp. 41-76, Elsevier.
Kirkham, D., Bartholomew, W. V. (1954) Equations for Following Nutrient Transformations in Soil, Utilizing Tracer Data 1. Soil Sci Soc Am J, 18, 33-34.
金野隆光 (1980) 土壌中の生物活性と温度. 土壌の物理性, 41, 7-16.
Leininger, S., Urich, T. et al. (2006) Archaea predominate among ammonia-oxidizing prokaryotes in soils. Nature, 442, 806-809.
McClung, G., Frankenberger, W. (1985) Soil nitrogen transformations as affected by salinity. Soil Sci, 139, 405-411.
Mitchell, M. J. (2011) Nitrate dynamics of forested watersheds: Spatial and temporal patterns in North America, Europe and Japan. J For Res, 16, 333-340.
Nanko, K., Ugawa, S. et al. (2014) A pedotransfer function for estimating bulk density of forest soil in Japan affected by volcanic ash. Geoderma, 213, 36-45.
Noe G. B., Krauss K. W. et al. (2013) The effect of increasing salinity and forest mortality on soil nitrogen and phosphorus mineralization in tidal freshwater forested wetlands. Biogeochemistry, 114, 225-244.
Ohrui, K., Mitchell, M. J. (1997) Nitrogen saturation in Japanese forested watersheds. Ecol Appl, 7, 391-401.
Ohte, N., Mitchell, M. J. et al. (2001) Comparative evaluation on nitrogen saturation of forest catchments in Japan and northeastern United States. Water Air Soil Pollut, 130, 649-654.
Ono, K., Hiradate, S. et al. (2013) Fate of organic carbon during decomposition of different litter types in Japan. Biogeochemistry, 112, 7-21.
小柳信宏・千原麻由 他 (2002) 分解程度の異なる樹種別リターの炭素および窒素無機化特性. 日本土壌肥料学雑誌, 73, 363-372.
Parker, J. L., Fernandez, I. J. et al. (2001) Effects of nitrogen enrichment, wildfire, and harvesting on forest-soil carbon and nitrogen. Soil Sci Soc Am J, 65, 1248-1255.
Robertson, G. P., Groffman, P. M. (2015) Nitrogen transformations. In: Soil Microbiology, Ecology and Biochemistry, 4th edition (ed. Paul, E. A.) pp. 421-446, Elsevier.
Sanchez, G. (2013) PLS Path Modeling with R, pp. 222, Trowchez Editions. Berkeley, USA. http://gastonsanchez.com/PLS_Path_Modeling_with_R.pdf
Schimel, J. P., Bennett, J. (2004) Nitrogen mineralization: Challenges of a changing paradigm. Ecology, 85, 591-602.

Shibata, H., Urakawa, R., et al. (2011) Changes in nitrogen transformation in forest soil representing the climate gradient of the Japanese archipelago. *J For Res*, **16**, 374–385.

杉原 進・金野隆光 他（1986）土壌中における有機態窒素無機化の反応速度論的解析法．農業環境技術研究所報告，**1**，127–166．

Takahashi, M., Ishizuka, S., et al. (2010) Carbon stock in litter, deadwood and soil in Japan's forest sector and its comparison with carbon stock in agricultural soils. *Soil Sci Plant Nutr*, **56**, 19–30.

Tateno, R., Takeda, H. (2010) Nitrogen uptake and nitrogen use efficiency above and below ground along a topographic gradient of soil nitrogen availability. *Oecologia*, **163**, 793–804.

Tian, Y., Takanashi, K., et al. (2012) pH and substrate regulation of nitrogen and carbon dynamics in forest soils in a karst region of the upper Yangtze River basin, China. *J For Res*, **18**, 228–237.

Ugawa, S., Takahashi, M., et al. (2012) Carbon stocks of dead wood, litter, and soil in the forest sector of Japan: general description of the National Forest Soil Carbon Inventory. *Bull For For Prod Res Inst*, **11**, 207–221.

Urakawa, R., Ohte, N., et al. (2015) Biogeochemical nitrogen properties of forest soils in the Japanese archipelago. *Ecol Res*, **30**, 1–2.

Urakawa, R., Ohte, N., et al. (2016) Factors contributing to soil nitrogen mineralization and nitrification rates of forest soils in the Japanese archipelago. *For Ecol Manage*, **361**, 382–396.

Urakawa, R., Ohte, N., et al. (2017) Estimation of field soil nitrogen mineralization and nitrification rates using soil N transformation parameters obtained through laboratory incubation. *Ecol Res*, **32**, 279–285.

Wada, K. (1986) *Ando Soils in Japan*, pp. 276, Kyushu University Press.

Woese, C. R., Kandler, O. et al. (1990) Towards a natural system of organisms: Proposal for the domains Archaea, Bacteria, and Eucarya. *Proc Natl Acad Sci*, **87**, 4576–4579.

呉 国南・戸田浩人 他（1998）森林土壌の窒素無機化が水溶性イオン量に及ぼす影響．日本林学会誌，**80**，21–26．

第5章 物質循環モデルと森林施業影響

大場 真

はじめに

本章では森林生態系における物質や熱（エネルギー）の循環を表現するモデルと，その森林管理・施業影響評価への適用研究について解説する．

森林の施業は木材生産に直接影響し，生態系の物質循環にも影響を与えるが，さらには人間社会が森林から受けている恩恵にも影響がある．このプロセスは時間的には数十年，空間的には流域という範囲で影響が続くと考えられる．これを定量的に推定することは困難であるが，さまざまな技術的発展に支えられ，本章で述べるように不可能ではなくなってきた．特にモニタリングとモデルが対応可能な程度に両者の解像度が一致し始め，その結果，広域で詳しい予測が可能となってきている．

本章前半では，森林生態系における物質循環とモデルについて概説した後，一例として筆者が開発したモデルである BGC-ES についてその構造を詳述する．BGC-ES はグローバルレベルでのシミュレーションを行う Biome-BGC を，国内の人工林を主なターゲットとして変更を加えたものである．施業パターンによってどのように物質循環が変わるかを示す．

本章後半では物質循環を生態系，自然界の範囲にとどめず人間社会にまで拡張する．森林管理・施業は直接的な木材生産や物質循環に影響を及ぼすだけでなく，気候変動緩和を目的とした化石燃料由来の炭素排出の削減や，限りなく化石燃料への依存を低下させた低炭素社会の構築問題とも深くかかわる．自然

と調和した（共生した）持続可能な社会を考える上で欠くことのできない研究と筆者は捉えている．

森林生態系における物質循環と森林施業の影響について，さまざまな知見が蓄積している（柴田ほか，2009）．上流の森林から下流の人間社会にまで物質の流れを捉えようとする試みは，空間分布にまで踏み込んだ研究が始められたばかりである．したがって，手法や精度の上で改良の点が多いかと思われる．しかし，このような目的と方法に興味をもつ研究者と情報を共有し，さらには筆者が現在不可能であると考えている事柄も易々と乗り越えるような研究が現れる一助になれば幸いである．

5.1　本章の背景となる考え方

自然科学あるいは自然科学に関連するモデルを研究している読者が多いと思われるので，本章の理解を助けるために筆者のモデルに対する考え方をこの場で説明しておく．この節を煩雑，あるいは抽象的と考える場合はスキップしてもよい．

5.1.1　モデルとは

モデルというと，一部の研究者や専門家が扱う特殊なツールであるような印象を受けるかもしれない．しかし自然現象を記述し予測することで自然の恵みを得，また災害を避ける営みは，人類の1つの課題であるといえないだろうか．天気俚諺（ことわざ）やフェノロジー（開花などの生物季節）をもとに農作を開始することなども1つのモデルといえ，複雑な理論やモデルを使用しなくてもこの営みが身近なものであったことを示している．

現在の自然科学研究のアプローチでは，ある仮定や条件の下で，観察や測定を行い，それをモデルによって表現，予測，あるいは因果関係を調べることが多い．

モデルの分け方として，ホワイトボックスモデルとブラックボックスモデルという考え方がある．ホワイトボックスモデルとは，因果関係などの現象の過程がすべてわかっているモデルを指す．一方ブラックボックスモデルとは，現

象の過程はわかっていないが，入力変数と出力変数の間にある関係性があり，それを数式などでモデル化できることを指す．ホワイトボックスモデルとブラックボックスモデルについては，Weinberg（1975）の説明が理解しやすい．

天気俚諺などは，流体方程式を使ったモデル以前のもので，気象現象が物理的に理解できていなかったが，天気変化をブラックボックスとして捉え予兆と結果を結びつけている．

5.1.2 境界分野におけるモデル

森林では，さまざまな自然科学の研究テーマ・分野（土壌，植物，水文，気象など）を対象として多様な研究が実施されている．森林の働きを総合的に捉えようとした時に，それらの分野のモデルをうまくつなぎ合わせる必要がある．この統合モデルは大きな威力を発揮するはずである．この方法論は森林だけでなく他の境界分野でも使え，各分野で信頼できる知見をサブモデルとして取り込み，1つのモデルを開発すればよい．各分野の知見を1つのコンポーネントとして捉えれば，参照しているさまざまな分野のそれぞれで行われる研究によって更新される内容から，そのコンポーネントを改良・交換することもできる．

このスタイルは，社会からの要望として「何がどこにどれぐらいあるのか？変化しているのか？」という問いかけがなされる際にも威力を発揮する．つまり，対象としている境界分野におけるモデルを開発して適用すれば，その問いに答えることができる．またモデル研究には，特定の自然現象のホワイトボックス化を目的として因果関係を徹底的に調べる"深掘り"研究と，自然現象の関係性についてより広い視野で調べる"広く浅い"研究があると指摘できる．後者はどちらかというとわからないことはわからないままとして，自然界をホワイトボックスとブラックボックスの中間の「グレー」なボックスとして捉え，「境界分野」，「複合領域」と呼ばれる研究を推進してきた．本章で説明するモデルは，一分野を深掘りするモデルではなく，分野を連関・統合させることで，社会からの問いかけに答えられるモデルを目的としている．

5.1.3 モデル，シミュレーションの正確さ

今日では，衛星リモートセンシングから遺伝子検査まで幅広いデータが利用

できるようになり，またさまざまなモデルがインターネット上にて無料で公開され，個人でも，大気，水文，海洋，また生態学のシミュレーションが可能となっている．

　数値シミュレーションは，ことわざや山岳の融雪具合（雪形），開花時期による経験則と違い，自然界を数字で表現するが，正確無比というわけではない．時々，モデルの結果として10桁を超える数値を記載した論文を見かけるが，最後の下の桁は信用できるのかという疑問は生じないのだろうか．使っているデータの質やモデルの目的・性質などによって誤差が生じるのは当然であるし，もしかしたら1桁目から，いや桁すら合っていないかもしれない．

　モデルを使用する上で重要なことは，自分の目的に合ったあるいは一部目的に合ったモデルを見つけ，モデルの弱点を理解した上で，なるべく正確なデータとパラメータを投入して，シミュレーションを行うことである．もちろんこれは理想であり，しばしば身近なモデルと不正確であることがわかっているデータや，代表性が乏しいかもしれないパラメータでシミュレーションする場合もある．本章のシミュレーション例は後者に近いものが多い．しかし理想像からどの程度離れているかを理解することは，出力された結果がどの程度不正確であるかを理解しているだけでなく，将来どのようなデータや改良が必要とされているのかも理解できる．この情報を論文等の成果に明確に記載することは，後続研究による精度向上のために欠かすことができない．

　また，モデルを使う上で検証ということが重視されてきた．モデル開発・パラメータ推定に利用していないデータを使って，シミュレーションと現実の値を比較する必要性である．しかし，そもそも測定していない値を出力するモデルも存在する（たとえば後述の自然と社会で蓄積する炭素の蓄積速度）．これは，積み上げ法によるボトムアップモデリングの欠点ともいえる部分である．その際には，異なる手法で推定した結果と比較することや，感度分析・シナリオ分析といったような方法によってある程度の確からしさを示すことができる．

　本章後半で取り扱うモデルは積み上げによるモデルであるが，モデル間の比較にまで至っていない．したがって，出力されている絶対値は確度が低い．しかし，さまざまなシナリオ（前提条件やパラメータを変化させるセット）によってモデルを走らせ，その結果を比較している．結果の相対的比較によって，

相対的な確からしさを確認していることになる．

5.2 森林を対象としたさまざまなモデル

森林生態系の物質循環は，そのものへの興味とともに，生態系を含む・接する対象を扱う気象や水文，その下流となる海洋，また，流域圏科学からの研究ニーズが存在する．森林生態系における物質循環モデルは，それらの分野とも関係が深い．一方，生物学の対象としての生態系における物質循環モデルも存在する．

5.2.1 面的モデル

森林を面的に捉え，それ以外のシステムとの物質交換に焦点を当てるモデルがある．

気象学であれば，境界条件として運動量（大気大循環のエネルギーがどのように消耗するか），熱エネルギー，水蒸気の交換が大気下面でどのように起こっているか知る必要がある．大気–森林の境界域における「下面」というには，森林を含めた植生の表面はあまりに複雑であるため，交換係数を一律に決める「パラメータ」扱いよりは，時間的空間的に変化する「モデル」として扱われることが多い．この分野のモデルは幅広く研究されており，本章で詳しく述べるモデルのもととなっている Biome-BGC（biogeochemical cycles model）(Thornton et al., 2002) や LPJ-DGVM（Lund-Potsdam-Jena, dynamic global vegetation model）(Sitch, 2003)，CLM（community land model）(Lawrence et al., 2011)，また VISIT（Ito & Inatomi, 2012）などがある．

水文学では，森林から水量，水質がどのように発生するかが主要な焦点となる．こちらも，流域からの水や物質の流出量や負荷量推定を単純な原単位により計算というよりは，モデルを使う場合が多くなる．日本ではタンクモデルがよく利用されているが（菅原，1972），流域の広がりで推定する分布型モデルも GIS（geographical information system，地理情報システム）の普及とともに利用が広がっている．後者では SWAT（soil and water assessment tool）(Dile et al., 2016) が有名である．渓流水などに関しては PnET-CN（Aber et al.,

1997）を用いたシミュレーションの例などがある（徳地ほか，2008；福島ほか，2009）．

　土壌学の立場でいえば，地球化学的循環に森林が深くかかわっており，母岩からあるいは大気からの化学物質の供給が，物理的，生物学的過程によって有機物に変換され，また森林生態系から流出してゆく．この過程は他の生態系よりも複雑であり，これも過程をシミュレーションするモデルによって推定される．温暖化影響などの評価のための炭素循環モデルとしては Century（Parton et al., 1987），RothC（Rothamsted carbon model）（Coleman et al., 1997）などが日本でも使用されてきた．

　他にも森林が面的にかかわる過程は多いが，たとえば蒸発散過程は気象学と水文学的モデルで共通してシミュレーションされる．また気象学的な興味の対象である気候変動を予測するのにもモデル研究が欠かせない．森林生態系からの二酸化炭素の交換（吸収・排出）量は土壌学的プロセス（土壌中の従属栄養呼吸）を無視することができない．

　したがって各分野で用いられるモデルはそれ独自のモデルというよりはむしろ，お互いに影響を与え合って，共通するようなプロセスに関しては類似する，あるいは引用するという形で式が使われることが多い．

5.2.2　生態学モデル

　上述したような面的モデルでは，森林生態系の物質生産，物質循環がクローズアップされるため生物学的，生態学的特徴は無視されなくとも大きく類型化されてしまうことがある．

　森林生態系を面として捉えず，それを構成している木本植物個体に焦点を当ててモデルを作る場合がある．これらのモデルは，個体の枯死によるギャップの発生と種子などによる世代交代などに焦点が当てられている．個体ベースモデルを利用した物質循環モデルとして SEIB-DGVM（Sato et al., 2007）がある．

　個体レベルのみならず，植生の遷移や火災などによる撹乱の発生は生態学的・生物多様性という観点から重要な研究題材である．LANDIS-II（landscape disturbance and succession model）（Scheller et al., 2007）がよく使われている．

　また森林を生息地として考えた場合，生物多様性をどのように涵養している

かということも重要である．生態系の保全や再生という文脈で，生態学的なモデルと物質循環モデルが併用されることになる．種分布であればMaxent (Phillips, 2006)，保全計画ではC-Plan, Marxan, Zonation (Moilanen et al., 2011) などがある．

5.2.3 人間社会とのつながりを意識したモデル

森林生態系と人間社会の複合したかかわり合い（多面的機能や生態系サービス，後述）を考える上で，森林施業を行った際の伐採量や炭素交換量，流出量の変化だけでなく，生態系への影響を理解することも現在では必須であるといえる．さらに社会経済プロセス，人間社会の文化的・精神的な面との深いかかわり合いも指摘できるだろう．

次の節からこういった統合評価について考え，必要なモデルについて考察する．多くのプロセスがかかわるが，森林生態系における健全な物質循環が何より必要であることを最初に指摘したい．

5.3　森林施業の影響：生態系サービスの観点から

5.3.1　森林に対する認識の転換

森林が人間社会に採取などを通じて食料や木材をもたらすという以外にも，人間社会と深く結びついていることについて，本シリーズの他巻で詳細に述べられている．ここでは重複するが，それらを物質循環と関連させ定量的，空間的に理解するということが，本章の目的の背後にあることを説明したい．

生態系が人間社会にもたらす物質やサービス（物質ではない恩恵も含む）を「生態系サービス」と呼ぶ．ミレニアムエコシステムアセスメント（Millennium Ecosystem Assessment, 2005）によって定義されたこの用語は，ミレニアム的認識転換と位置づけられよう．

生態系を森林生態系へ特定すると，素材や燃料を人間社会に提供してきたが（供給サービス），それ以外にも恩恵をもたらしている．古くから気づかれていたような土砂災害や河川災害を防止し土砂流出を妨げる（調節サービス）もの

や，さまざまな物質の循環にかかわり，また野生生物への生息地を提供することで間接的に人間社会へ恩恵を与えている（基盤サービス）ものがある．最後にミレニアムエコシステムアセスメントで指摘されたことで認識を新たにされたサービスは，憩いやレクリエーション，自然教育などの場を提供してくれ，あるいは景観や形態などの美的な対象を提供し，また神木や社寺林，あるいはある地域全体（たとえば山がご神体であるような場合）のように精神的シンボルをもたらしている（文化サービス）ことである．

これらを森林施業と関連させると，森林生態系では，よく管理された森林では炭素吸収能が高いこと（Hiroshima & Nakajima, 2006），間伐後の光合成能力が高まること（Han & Chiba, 2009），森林管理のない森林土壌は保水能力が低下し土壌浸食が生ずること（Miyata *et al.*, 2009）などが指摘されている．生態系サービスは，「面積×原単位」のような計算方法では森林施業の効果を正確に捉えることが難しい．森林生態系物質循環モデルによって経時変化を評価する必要があるといえる．

5.3.2　森林からの生態系サービスと社会変遷

日本における森林生態系と人間社会の関係を概観すると，まず，奈良時代や室町時代末期から江戸時代初期の建築需要増大に伴う過剰な伐採が林野を荒廃させたことは広く知られている．森林の荒廃は単に木材資源の枯渇を招くだけでなく，土砂災害や水害をも招くことが知られるようになった．これらは熊沢蕃山が指摘し，また各地で経験的に理解されたことで，諸国に資源枯渇を防ぐ留山の制度などが作られた（Totman, 1989；只木, 1996）．

明治維新後は，地租改正に関係して共有管理されていた森林も所有権が設定されることになった．森林は燃料を供給する重要な場でもあったが，薪炭需要は都市化とも関係して飛躍的に増加した（加藤, 2003）．太平洋戦争末期には資源枯渇に近いはげ山を生み出している．これは戦後撮影された空中写真などでいまでも知ることができる．

木材不足などの理由から 1960 年代前後に，全国的に人工林の拡大が行われた．もともとの植林地だけでなく，農地，薪炭林，原生林に近い天然林などである．しかし木材の輸入規制緩和や中山間地・山間地の高齢化と過疎化によっ

第5章　物質循環モデルと森林施業影響

て労働力が低下する等の理由から，多くの人工林は木材生産のための十分な管理（下刈りや枝打ち，間伐など）が行われなくなった．管理率は45%程度といわれ（天野，2007），その後間伐を推奨する各種施策が行われたが，主伐・再造林の割合はほとんど変化していない．また燃料革命により薪炭林である里山も放置される状況が続いている．過疎化による人口密度の減少が，里山などへの手入れ不足をもたらしている．

　生態系が人間社会へもたらす恩恵は生態系サービスと呼ぶが，それとは逆に，生態系が原因で人間社会へ被害を及ぼすことをディスサービスと呼ぶ（環境省生物多様性及び生態系サービスの総合評価に関する検討会，2016）．たとえばスギ花粉症は，スギの花粉が原因のアレルギー症状である．また，前述のような野生動物の出現や被害が報道されることが多くなっている．イノシシ，シカ，サルは，農耕に有史以来被害をもたらしてきたが，近年問題となっているのは近寄りすぎる動物の存在であるといえる．原因はさまざまにいわれているが，1つの理由としては，集落に近い森林への施業が少なくなり，人が出入りしなくなり，そのため動物が侵入しやすくなっている，といえるだろう．

　これらの問題に対応するために，林業振興を目的として林業施業の補助，林内路網整備や林業機械の高度化などが図られている．また林業就業者を増やすため，積極的な就業への斡旋なども行われている．

　国産材のより多くの消費を図るため，国産材の使用に対する補助金やブランド化などが行われている．また材木として流通が難しいような間伐材については，エネルギー消費向けとしての注目が集まっている．地球温暖化対策として，京都議定書目標達成計画に関連し，排出量取引やカーボン・オフセットなどの取り組みも行われている．また東日本大震災後，再生可能エネルギーの固定価格買い取り制度などに代表されるように，再生可能なエネルギーへの期待が高まっている．特に未利用材を利用した発電の場合，他の再生可能エネルギーと比較して比較的高い価格で電力を買い取る制度（固定買い取り価格制度）がある．大規模なバイオマス発電所が建設され，計画されている．しかし，現行多く使われるバイオマスを直接燃焼する発電方式では発電効率は最新のもので30〜40%弱（筆者調べ），小型でガス化する方式で30%程度（日本木質バイオマスエネルギー協会，2017）である．積極的な需要を確保しなければ，発

電時に熱として発生する半分以上のエネルギーはそのまま廃棄される．また，バイオマスエネルギー向けの利用が増えることによって国内の木材が不足することも懸念されている．その他，バイオマス発電は燃料乾燥の問題など，他の再生可能エネルギーと比較して運用時の不定要素が多い．エネルギー向けによる利用の帰結が戦後のはげ山の再来を招かないためにも，「持続的な森林利用」へ向けて，広域で長期的な計画が必要なのではないだろうか．

5.3.3 生態系-社会システム

有史以来，持続的な森林の適正な利用と保全は世界的な懸案であり（Mather, 1990），供給サービスという狭い見方でなく，生態系サービスという広い見方による森林の利用と保全が必要であることはすでに指摘した．森林生態系のサービスにおいて，どの種類のサービスがどこでどれぐらい発生しているかを理解することは，森林管理や保全の計画を立てる上でこれからは重要になるといえる．幸いなことに，世界の多様な森林については物質循環に対応したモデル，生物多様性については生物種の分布予測，また文化サービスと呼ばれる精神的な恩恵については社会経済的な手法で推定することが可能である．これらを統合し，生態系サービスの見える化（可視化）を行うことで，「森林問題」の解決の端緒となると考えられる．

5.4 森林物質循環モデル BGC-ES

5.4.1 概　略

本節では，これまで述べた2つの目的，物質循環モデル開発・適用と「生態系サービスの見える化」の具体的研究例を紹介する，筆者が開発した森林物質循環モデル（Ooba *et al.*, 2010, 2012a）について，和文による概略説明を大場ほか（2011）で行っているが，ここではモデルの内部について詳細に解説する．後半では流域レベルでの適用例について説明する．

5.4.2 プロセス

日本国内における林業施業の影響評価を主な目的として，森林物質循環モデル BGC-ES（bio-geochemical model for evaluation of ecosystem services）(Ooba *et al.*, 2010) を開発した．このモデルは，全球植生モデル Biome-BGC (Thornton *et al.*, 2002) をベースとした．BGC-ES は国内の主要樹種をサポートし（スギ，ヒノキ，マツ類，カラマツ，常緑広葉樹，落葉広葉樹），林業施業が行われた場合の物質循環に与える影響を評価できる．林種や樹種，林齢の情報を活用し，森林動態をより詳細にシミュレーションすることができる．

BGC-ES は日ベースで水循環，年ベースで炭素（C）と窒素（N）の循環を推定する．本モデルは，流域での物質循環を，平均的な特性をもった林分によって再現しようとしている．これを達成するため次のような仮定を置いた．

- 単一種類の樹木が生育する森林がシミュレーションの単位
- 樹木の成長・密度などは収穫予想表など国内で調製されたデータを使用．ただし，モデル内で土壌中の窒素や光が不足した場合は，樹木の成長は養分と光による成長制限を受ける．
- 森林施業は間伐と皆伐

本モデルはバイオマス，水循環，炭素と窒素循環，森林管理の4つのサブモデルから構成されている．このうちバイオマス，森林管理サブモデルは独自ロジックを利用している．水循環，炭素と窒素循環については Biome-BGC のロジックを利用しているが，一部，本モデル独自のサブモデルと整合させるために修正を行っている．

コードはすべて独自に記述した（言語は C#，ライブラリは .NET フレームワーク）．残念ながらサポート体制が整っていないため，モデルは一般公開していないが，筆者への個別の問い合わせによってモデルを配布している．いくつか共同研究も行われた（舘林ほか，2015；中村ほか，2017）．

パラメータについては前述の林種と植物機能タイプごとに用意した．土壌その他のパラメータはすべて Ooba *et al.* (2010) で示してあり，本章では基本的にこの値を使った結果を示している（奥会津のシミュレーションでは成長パラ

メータの一部変更を行った).

A. バイオマス

本モデルのもととなった Biome-BGC では,バイオマスの動態を推定する際の一般的な方法である,光合成速度から呼吸分を減じ,それを年間で積分する方法を採用している.しかし本モデルでは,個体群密度に着目してバイオマスを推定するため,植物生態学レベルからのトップダウンな方法をとった.これは間伐などの影響について後者の方法の知見が蓄積しているためである.

樹木成長は樹高の成長によって代表されるとした.林齢を $t(y)$,最大樹高を $h_{max}(m)$ とし,樹高成長（h）を以下のように仮定した.

$$h = sc\, h_{max}\, hf(t) \tag{5.1}$$

$hf(t)$ は樹高成長を表す曲線で,日本国温室効果ガスインベントリ報告書における国家森林資源データベース（National Institute for Environmental Studies, 2007）および関係行政機関が調製している収穫予想表により,Mitscherlich 式（$1-a\,\exp(-b\,t)$）もしくは Gompertz 式（$\exp(-a\,\exp(-b\,t))$,（a, b はパラメータ）によって近似した（Ooba *et al.*, 2010）.

樹木の成長は土壌の肥沃度（地位）によって変化するが,本モデルではこれは樹高成長に影響するとした.パラメータ sc は 0.8 から 1.2 まで地位によって変化する.地位は取り扱われる機関によって定義や表現方法が変わるが,ここでは概ね 2 等地（中級）を $sc=1$ とし,地位が 1 等地（上級）,3 等地（下級）である場合は,収集した樹高曲線を参考に $sc=1.2, 0.8$ とした.

面積当たりの樹木の最大の密度（個体数）N_{max} と最大材積 V_{max} は,べき乗則に従うとした（Yoda, 1963）.

$$V_{max} = \kappa N_{max}^{-\alpha} \tag{5.2}$$

κ と α はパラメータである.

現在の材積（V）と樹木密度（N）,樹高（h）の関係は

$$1 = \frac{V}{\kappa^* N_0^{-\alpha}} + \frac{N}{N_0} \tag{5.3}$$

第 5 章　物質循環モデルと森林施業影響

$$V^{-1} = p_a h^{p_b} + \frac{p_c h^{p_d}}{N} \quad (5.4)$$

で仮定した．$\alpha, \kappa, \kappa^*, p_a, p_b, p_c, p_d$ はパラメータであり，林野庁が作成した『人工林林分密度管理図』（林野庁，1999）の値を使用した（詳細は Ooba et al., 2010 に掲載されている式 4–6 および Appendix A 参照）．この管理図を利用して，樹木の胸高直径なども推定した．

次に樹木の部分ごと（幹，枝，葉，根，細根）のバイオマス推定のために，個体密度–材積モデルから得られた 1 本当たりの材積を使用した．樹木の部分ごとの成長関係（アロメトリー）として，田内・宇都木（2004）が国内森林データをレビューして導いた関係式とパラメータを使用している．

$$b[\mathrm{x}] = b_a{}^x V_v b_b{}^x \ (\mathrm{x} \in \{\mathrm{L, B, T}\}) \quad (5.5)$$
$$b[\mathrm{R}] = b_a{}^R \sum b[\mathrm{x}] \ (\mathrm{x} \in \{\mathrm{L, B, T}\}) \quad (5.6)$$

b（kg）は個体バイオマスを表し，各コンポーネントは L（葉部），B（枝部），T（幹部），R（根部），F（細根部）のように大文字のアルファベット 1 文字で名称をつける（図 5.1）．各部位ごとに同じ式を用いるので，部位によって量が変化する場合はカギ括弧内にコンポーネント識別子が代入されることを x, y, z などで示す．たとえば $b[\mathrm{L}]$ は 1 個体当たりの葉部バイオマス量を意味する．式（5.5）は L, B, T のそれぞれで成立する．式（5.6）の右辺にある $\sum b[\mathrm{x}]$（$\mathrm{x} \in \{\mathrm{L, B, T}\}$）は $b[\mathrm{L}] + b[\mathrm{B}] + b[\mathrm{T}]$ のことであり，葉部と枝部，幹部のバイオマス量の合計，つまり地上部バイオマス量を意味している．

細根は肥沃度によって変化すると考えられたので，Noguchi et al.（2007; Fig. 1）を参考に次のように推定した．

$$b[\mathrm{F}] = b_a{}^F \sum b[\mathrm{x}], \ (\mathrm{x} \in \{\mathrm{L, B, T, R}\}) \quad (5.7)$$
$$b_a{}^F = (-2.5sc + 4) b_a{}^{F\,\mathrm{base}} \quad (5.8)$$

田内・宇都木（2004）の地下部には細根も含まれるが，本モデルでは別々に推定することにした．$b[\mathrm{F}]/b[\mathrm{R}]$ は 0.1 程度である（根部に対する細根部の割合が 10% 程度であることを示す）．

土地面積当たりのバイオマス量 $B[\mathrm{x}]$ は，立木密度 N（本 ha^{-1}）から以下

5.4 森林物質循環モデル BGC-ES

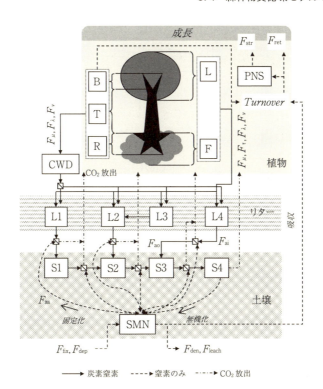

図 5.1 BGC-ES における植物，リター，土壌プールの接続と炭素と窒素の動き
〈物質プール〉B：枝部，T：幹部，R：根部，L：葉部，F：細根部，CWD：粗大木質屑，SMN：土壌中の無機窒素，PNS：植物体内の仮想的な無機窒素の貯留プール，L1～L4：リタープール，S1～S4：土壌プール．〈物質フロー（F の添え字）〉ai：プールへの流入，ao：プールへの流出，as：SMN とのフロー，fix：窒素固定，dep：窒素沈着，den：脱窒，leach：窒素流出，ret, str：転流，μ：枯死，τ：ターンオーバー，λ：間伐，ν：皆伐．

のように表せる．

$$B[\mathbf{x}] = Nb[\mathbf{x}] \tag{5.9}$$

また，土地面積当たりのバイオマス部位ごとの炭素蓄積 $C_\mathrm{C}[\mathbf{x}]\,(\mathrm{kg\,C\,ha^{-1}})$ は，炭素含有比 c_c により計算される．

$$C_\mathrm{C}[\mathbf{x}] = c_\mathrm{c} B[\mathbf{x}] \tag{5.10}$$

すなわち，バイオマスから樹木が蓄積している炭素量を推定している．また，

第 5 章　物質循環モデルと森林施業影響

Biome-BGC で示されたリター発生部位 xl ごとの C/N 比 cn^{xl} を使用し，部位が蓄積している窒素の量 $C_N[xl]$ (kgN ha^{-1}) を推定した．

$$C_N[xl] = \frac{C_C[xl]}{cn^{xl}}$$
$$xl \in \{L, F\} \tag{5.11}$$

木部 xw∈{B, T, R} については

$$C_N[xw] = C_C[xw]\left(\frac{po}{cn^D} + \frac{1-po}{cn^W}\right) \tag{5.12}$$

のようになる．ここでシンボル D と W は心材と辺材を表し，cn^D と cn^W はそれぞれの C/N 比，po は心材と辺材の比である．

葉面積指数（LAI: leaf area index, L_p）は，単位炭素重量当たりの葉面積である比葉面積（SLA: specific leaf area）sla（m^2 kgC^{-1}）を用いて以下の式で計算した．

$$L_p = ps\ sla\ c_{ha} C_C[L] \tag{5.13}$$

ここで c_{ha} は換算係数（10^{-4} ha m^{-2}），ps は 0〜1 の範囲で変化する葉量を表す．落葉性樹木による森林はバイオマスが季節により変動するので，デグリーデー（Degree-Day，°C d）を用いたフェノロジーの推定を行っている（Ooba et al., 2010, 式 13）．ここでは日平均気温が基準気温を超えた分を積算した値をデグリーデーとして，展葉の日を決定している．落葉は基準気温以下で発生するとした（推定値は Ooba et al., 2010, 表 6 を参照）．

B. 水循環

このサブモデルは，外部から入力される日ごとの気象データ，平均気温，平均飽差，日降水量，日平均日射量，可照時間（日長）によって，森林内の放射収支・水収支を計算する．

まずキャノピーの構造を決定する．森林内での放射収支は，Biome-BGC と同じキャノピーを 2 層（陽葉層 s，陰葉層 h）に分割して計算する．Monteith & Unsworth (1990) によるバイオマスサブモデルから LAI, L_p をもとに，以下の式で表せる．

5.4 森林物質循環モデル BGC-ES

$$L_{\mathrm{p}}[\mathbf{s}] = \frac{1-\exp(-k_{\mathrm{c}}L_{\mathrm{p}})}{k_{\mathrm{c}}} \tag{5.14}$$
$$L_{\mathrm{p}}[\mathbf{h}] = L_{\mathrm{p}} - L_{\mathrm{p}}[\mathbf{s}]$$

k_{c} は森林内での光の減衰を示す消散係数である．

林冠での遮断降水を発生させるために必要なパラメータであるキャノピー面積（L_{a}）は

$$L_{\mathrm{a}} = pr\, L_{\mathrm{p}} \tag{5.15}$$

とした．pr は遮断係数を表し，広葉樹で 1.0，針葉樹で 2.0 とした．

放射伝達は，LAI によって光が減衰する門司-佐伯理論（Monteith & Unsworth, 1990）を 2 層キャノピーに適用する．各層における純短波放射 S_{n}（W m^{-2}）は（o を地表面として），次のように書ける．

$$S_{\mathrm{n}}[\mathbf{s}] = (1-a_{\mathrm{c}})S_{\mathrm{d}}(1-\exp(-k_{\mathrm{c}}L_{\mathrm{p}}[\mathbf{s}])) \tag{5.16}$$
$$S_{\mathrm{n}}[\mathbf{h}] = (1-a_{\mathrm{c}})S_{\mathrm{d}}(1-\exp(-k_{\mathrm{c}}L_{\mathrm{p}})) - S_{\mathrm{n}}[\mathbf{s}] \tag{5.17}$$
$$S_{\mathrm{n}}[\mathbf{o}] = (1-sr)((1-a_{\mathrm{c}})S_{\mathrm{d}} - S_{\mathrm{n}}[\mathbf{s}] - S_{\mathrm{n}}[\mathbf{h}]) \tag{5.18}$$

S_{d}（W m^{-2}）はキャノピー上端の下向き短波放射，a_{c} はキャノピーの反射率，sr は積雪面の割合である．反射光計算の反復を抑えるため，地表面の反射率は 0.0 と仮定した．積雪面の反射率は 1.0 である．

長波放射収支は Kondo & Matsushima（1993，式 37 と式 41）によるとした（Ooba *et al.*, 2010，式 13）．

降水は，気温によって，雨雪判定が行われる．降水は葉面積指数（LAI）の多少によって遮断され，一部がキャノピーに貯留し，残りは土壌に吸収される．降雪はそのまま地表に降り積もるとした．有効降水量は遮断されない降水量と融雪水とした．

可能蒸発散速度は Penman-Monteith 式（Jones, 1992, 式 5.23）から計算した．

$$\lambda_{\mathrm{w}}E_{\mathrm{p}}[\mathbf{f}] = \frac{sR_{\mathrm{n}}[\mathbf{f}] + \rho_{\mathrm{a}}C_{\mathrm{p}}g_{\mathrm{h}}^{\mathrm{f}}D}{s + \gamma g_{\mathrm{h}}^{\mathrm{f}}/g_{\mathrm{v}}^{\mathrm{f}}} \tag{5.19}$$

ここで，λ_{w} は水の潜熱（J kg^{-1}），s は気温 T_{a} における飽和曲線の傾き

第 5 章　物質循環モデルと森林施業影響

（Pa K^{-1}），ρ_a は空気の密度（kg m^{-3}），C_p は空気の比熱容量（J kg^{-1} K^{-1}），γ は乾湿計定数（Pa K^{-1}），g_n^f と g_v^f は f 面における熱と水蒸気の拡散伝導度（m s^{-1}），f∈{s, h, i, o}（i は降水遮断による面）である．

熱収支計算と上述の可能蒸発速度により，大気への実蒸発散速度が計算される（詳細は Ooba *et al.*, 2010 に掲載されている Appendix B.3 を参照のこと）．キャノピーからの蒸散は境界層伝導度と気孔伝導度によって制御される．このうち気孔伝導度は，環境条件（日射，湿度，土壌水分）から推定した．樹種ごとの最大気孔伝導度は，後述する森林フラックスサイトのデータから推定した．地表面からの蒸発は土壌の水分量によって変化する．

地表面に積雪がある場合は，放射と気温による融雪の量が計算され，一部は土壌へ融雪水として，一部は昇華して大気へ放出される．

土壌における水の挙動は，Kosugi（1997）が提案した森林土壌のモデルを利用した．まず体積含水率の相対値（S_e）という量を導入する．これは飽和含水率 θ_{sat} と最低の含水率 θ_r との相対値で表される．現在の体積含水率を θ_s とすると

$$S_e = \frac{\theta_s - \theta_r}{\theta_{sat} - \theta_r} \tag{5.20}$$

となる．土壌の水ポテンシャル（ψ_s）と土壌における体積含水率の相対値（S_e）は以下であるとする．

$$S_e = \mathrm{erfc}\frac{\log(\psi_s/\psi_m)}{\sigma} \tag{5.21}$$

ここで erfc() は誤差関数，ψ_m と σ はパラメータである．実際の広域シミュレーションでは Ooba *et al.* (2010) の Table 3 で示した Medium soil type（θ_{sat}＝0.621, θ_r＝0.399, ψ_m＝－3.34 kPa, σ＝1.42）を採用している．

土壌からの水の流出は，Bimoe-BGC で使用しているバケツモデルから推定している（詳細は Ooba *et al.*, 2010 に掲載されている Appendix B.6 を参照のこと）．すなわち，土壌における水分飽和点以上の水分が土壌から流出する．またほ場容水量以上の場合は，ある一定の割合で土壌から水が流出するとした．実際の広域シミュレーションでは，土壌の保水力の現地調査から（加藤・堀田，1995；諌本，2002）パラメータを決定した．

C. 炭素・窒素循環

　このサブモデルは，水循環モデルが計算した日ごとの微気象・土壌状態（気温，土壌水ポテンシャル，流出量，有効降水量）から，リターと土壌で想定した物質プールにおける炭素と窒素の年ごとの循環を推定する（図5.1）．リターはその成分によって分解の速さが異なるので，これを4つの成分プール（L1～L4）に分割した．リターから土壌に蓄積した有機物は，分解速度の違いによって4つのプール（S1～S4）に分割した．分解速度は気温と土壌水分によって影響を受けるものとした．

　Ooba $et\ al.$ (2010) では，プール間での物質の移動（$kg\ y^{-1}$）を F_T [y, z]^a で表記する．Tは移動プロセスの種類を示し（後述，図5.1），y, z はプールの記号（太文字），a は物質名（ここでは C, N）である．対（y, z）はTとaによって組み合わせが決まる．

　植物からリターへの移動として，生物学的現象として葉（L）からのリターフォールと細根（F）の枯死（T＝τ），および競争などによる個体の枯死（T＝μ），また森林施業によるリター（T＝λ, ν）がある．

　リター（τ）の場合，炭素は植物成分によってリタープール（Lx＝L1～L4）に分配されるが（F_τ[L, Lx]^c, F_τ [F, Lx]^c），窒素については落葉の際に転流が生じ窒素の一部が植物体内へとどまり，それ以外の窒素がリタープールへ分配される．図5.1に示しているように，植物体内の仮想的な無機窒素の貯留プールを **PNS** と表記する．毎年の成長に伴い，辺材から心材へ移行することによる窒素量の変化も転流として扱われる（Ooba $et\ al.$, 2010, 式C7）．

　枯死（μ）の場合は，葉と細根は窒素の転流なしでリタープールへ分配される．幹，枝，根部は粗大木質屑（coarse woody debris：**CWD**）プールに貯留され，分解してからリタープールへ分配される．枯死する個体数は前述のバイオマスモデルから計算される．枯死した割合に応じて PNS から土壌無機窒素プールへ窒素が放出される．森林施業（λ, ν）の場合は枯死と同じ処理であるが，主伐（ν）の場合は幹部がすべて，間伐（λ）の場合は一部が林外に持ち出されることが異なる．

　リタープール y では，決められた分解速度で分解が起こり，リタープール内の物質量が減少する（F_{po}[y]$_a$ と表記する）．このうちの一部は対応する土壌

プール z へ物質の一部が流れる（$F_{pi}[y, z]_a$ と表記する）．y から z へのフローにおける F_{po} と F_{pi} は一致せず，炭素の場合には多くの炭素が大気中へ二酸化炭素として放出される．窒素の場合は，分解量が土壌中の無機窒素（soil mineral nitrogen：SMN）量と関係しており，リタープールとの流入・流出が生じる（F_{ps} と表記する）．分解時の SMN からの吸収が土壌微生物による窒素の固定化（あるいは不動化，immobilization），放出を無機化（mineralization）と呼ぶ．固定化と無機化の差し引きが全土壌分解過程に土壌微生物が必要な無機窒素量となるが，植物成長にも無機窒素が必要であるので競合が生じる．

土壌分解と植物成長で必要な合計量が土壌中の無機窒素量を上回る場合は，分解と成長が律速される．具体的には必要量と現存量の比で律速されるとする．F_{po}, F_{pi}, F_{ps} をその比によって減少させて，それぞれ F_{ao}, F_{ai}, F_{as} とする．前者がポテンシャルフラックス，後者が実フラックスとなる．本モデルでは生態系において窒素が不足すると，時間経過によって単純に分解が進まなくなる．

生態系全体の無機窒素（SMN）の収支は，前述の土壌における固定化・無機化，植物成長に伴う窒素吸収に加えて，大気からの窒素固定（気温により指数関数的に増加），大気窒素沈着（環境測定値から推定），脱窒（土壌の無機窒素量に比例），および水の流出に伴う窒素流出（土壌の無機窒素量と河川流出量の関数）によって計算される．

D．森林施業

このサブモデルは，施業による個体数の調節・収穫を計算し，自然過程を扱う他サブモデルへ強い影響を与える．これは人為過程であるので，外部から投入されたシナリオに従って，ある条件によって施業イベント（間伐，主伐）が生じる．

間伐はある割合で個体数を減少させる．この処理はバイオマスサブモデル式(5.3)，式(5.4)における個体数−材積の関係上で，その林分が植栽された個体密度より小さい個体密度における個体数−材積の関係へ移動するとした．この際樹高は変化しない．また，この処理は林分密度管理図で推奨される方法に従っている．伐採された個体は，ある割合の幹部分が搬出され，生態系外へ持ち出される．その他は地表面に置かれるとして，粗大木質屑・リタープールへ計上され，その後に生態系内で分解されていく．間伐には列状や択伐などの方法

5.4 森林物質循環モデル BGC-ES

があるが，本モデルでは個体数の減少のみ考慮している．

皆伐において幹部分はすべて搬出され，それ以外のバイオマスはリターとして処理した．この後，植林がすぐ行われるとした．

通常は森林施業シナリオによって決められた林齢に達した林分で施業イベントが生じる．しかしシナリオには年間施業面積も定義している（間伐と主伐それぞれ）．同じ年に年間施業面積以上の間伐・主伐がある場合は，それ以上の施業を行わないものとした．施業が行われなかった林分は保留として待ち行列に加えられ，翌年に施業が行われる．

考察している生態系を境界として，バイオマス，リター，土壌，また森林施業による炭素の吸収と排出をすべて計算して炭素蓄積速度を計算する．厳密にいえば森林施業による森林バイオマスの持ち出しは，炭素放出にあたる．しかしこの量は大きいため，本節では系外に持ち出された炭素は適正に処理されると仮定して，排出と見なさないこととしている．社会における森林バイオマスに取り扱いのさらなるシミュレーションは次節で行う．

E. その他

BGC-ES は林齢によって樹高成長し，それによって個体密度が定まり，アロメトリーも標準値を想定している．個体密度が過密になり，キャノピーの中で光補償点より弱い光しか受けられない層が発生すると，その層での炭素の収支はゼロとなり，成長が止まるはずである．しかし，BGC-ES で採用している個体密度関係とアロメトリーはその成長制限を考慮していないので，場合によっては葉部が成長を続け，現実的にはありえない葉量に達することがある．BGC-ES では施業を一切行わないシナリオを実行する場合もあり，計算上問題を生じることもわかった．そこで，Larcher (2003, Table 2.8) で示されている針葉落葉・常緑林，陰葉の光補償点 $2\,\mu\mathrm{mol\,m^{-2}\,s^{-1}}$ を採用し，キャノピー下端での短波放射がそれに相当する強さ（$1\,\mathrm{W\,m^{-2}}$）以下の場合は，樹高成長が停止するとした．

モデル構造とは異なるが，初期条件を統一するためスピンアップ計算を行う．これはすべての森林ユニットで 250 年ごとに撹乱による更新があるとして，これを最大 10 回行い，土壌炭素・窒素量が平衡状態になるようにするものである．その後，シミュレーション上の基準年に目的の林齢と樹種になるように，

第5章　物質循環モデルと森林施業影響

時間を遡って植林が行われたとする．

5.4.3　シミュレーションを行うための準備

A．ローカリゼーション

　対象地域によって，必要なパラメータの取得や整備を行う必要がある．またそのパラメータに基づいてシミュレーション出力が妥当かという検証も行う必要がある．以下，水循環とそれに関した窒素循環にかかわるパラメータの調節と検証を行った．炭素循環についてはフラックスサイトのデータとの比較を行っている．5.2 節で説明したように，これらの確認を細部にわたって行うことは不可能であるが，今後データが揃うに従って徐々に検証や妥当性の確認が進むと考えている．

B．パラメタリゼーションと検証

　フェノロジーと気孔伝導度パラメータを調節するために，国内の4つの森林観測サイトにおける蒸発散フラックスの観測データセットを利用した（詳しくは Ooba *et al.*, 2010）．サイトごとに BGC-ES の適当なパラメータセットを選び，林齢と樹高からサイトの地位を推定した．落葉性のサイトはまず植物面積指数の時系列を使ってフェノロジーのパラメータを調節した．植物面積指数は葉面積指数と同じと考えた．その後，全サイトで残差誤差を用いて，月間の蒸発散量が適合するように，最大気孔伝導度を調節した．

　炭素窒素循環サブモデルにおける土壌無機窒素流出パラメータを，森林総合研究所 FASC データベース（http://www.ffpri.affrc.go.jp/labs/fasc/index.html）によって調節した．実際に使用したのは木曾川水系源流域の中山沢サイトのデータであり，大気窒素沈着の負荷が比較的小さい流域である（降水の無機窒素濃度 0.18 mgN L^{-1}）．本サイトの集水域は約 90 ha であり，該当する森林管理簿によれば，主にカラマツ（40%）とヒノキ（25%）に覆われていた．年ごとの渓流水の全窒素は 0.072 mgN L^{-1}（2003年）と 0.051 mgN L^{-1}（2004年）であり，パラメータを調節した後のモデルの出力は 0.076 mgN L^{-1} と 0.066 mgN L^{-1} であった．

　また，モデルの炭素吸収量の予測が妥当であるかを検証した．蒸発散フラックスを利用した森林サイトのうち，生態系炭素吸収量データが公表されている

3サイトのデータとモデルの比較行い，炭素吸収量に関して妥当な出力があることを確認した（Ooba et al., 2010）．

さらに，広域における水収支が推定できているかについて，矢作水系上流の矢作ダムのデータ（国土交通省，水文水質データベース，http://www1.river.go.jp/）を利用して検証を行った．矢作ダムは約5万haの集水域をもち，約60％がスギ，ヒノキの人工林に覆われている．その結果，決定係数は0.79であり，残差誤差は-9.5 mm mon^{-1} であった．本モデルは，水文モデルとしてバケツモデルを用いているため，流出の時間遅れなどを再現できないにもかかわらず，月ごとの流出量の傾向をよく再現している．また年間の流出量も精度よく再現できた（決定係数0.97，平均残差誤差73 mm y^{-1}）．

C. 森林情報の収集

広く一般に公開されている森林統計は，最も空間解像度が高いものでも農林業センサスなど市区町村レベルのものである．そこで，森林管理を行う行政機関が管理する森林情報を収集し，BGC-ESの森林情報とした．

自治体の林務関係課，林野庁森林管理局に依頼し，森林簿（森林管理簿）と森林計画図や，林班配置図，施業実施計画図などの図面，および各種資料（コード表，収穫予想表など）の提供，貸与を受けた．これらには森林所有者に関する情報も記載されているため，あらかじめ個人情報を削除したファイルの貸与を受けた．

機関ごとに記録している森林情報項目が異なり，また使用しているコード体系，ファイル形式も異なっていた．そこで統一した項目とコード体系を設定した．統一した項目は，林種，樹種，齢級（林齢），地位，地利，面積，材積であった．次に，林班，小班単位への集計も行った．同一林班（または小班）内における林種と樹種が同じ区画をマージし，そのマージした区画（同林種-樹種区画）の合計面積を計算した．合計面積の大きい順に同林種-樹種区画をソートし，林班（または小班）における優先性を示した．合計面積が大きい順2～3位までの区画のシミュレーションを行った（代表区画）．代表区画は林班（または小班）の全面積よりやや小さいので面積補正を行った．代表区画におけるパラメータは，平均値が計算できる属性は平均値を用い，そうでないものは被覆面積が大きい属性を代表値として採用した．

第 5 章　物質循環モデルと森林施業影響

　森林計画図などの林班位置と形状を示した図面は一部 GIS 化がなされており，この貸与を受け，処理して利用した．地域によっては別途，紙図面あるいは PDF 化された森林計画図，管内図を入手し，手動で地理情報を入力した．

　整理した一例として，伊勢湾に流下する河川流域圏内の森林では，人口が密集する平野に近いところで，マツや広葉樹の育成林・天然林が見られ，中山間地でスギやヒノキの人工林，奥地では広葉林や山岳地ではカラマツやその他の針葉林が見られた．幹材積の蓄積は山岳地の天然・針葉林で大きく，またスギ人工林でも大きい．林齢に関しては標高が高い山岳地域では老齢林が多く，その以外の地域では 40～80 齢の森林が多いことがわかった．

D. その他の情報の収集

　モデルに用いる気象入力はアメダスの日平均値を利用した（後述の伊勢湾流域圏内では 12 地点分）．観測されていない項目については，水蒸気圧データは最寄りの地上観測所のデータで補間し，日射量データは日照時間との相関式を最寄り観測所で求めた式を使って推定した．1997 年から 2007 年までのデータを整備し，長期シミュレーションなどではこのデータセットを繰り返し使用した．

　森林管理が物質循環に及ぼす効果のみを検証するため，温暖化シナリオ等によって気候が変動することは考慮しなかった．これは BGC-ES のバイオマス成長予測が光合成からの積み上げ方式でないため，温暖化に伴う気温と CO_2 濃度との上昇による成長変化を予測することが難しいためである．気候変動影響予測の重要性を考慮して今後の課題としている．

　上述のように，BGC-ES でシミュレーションを行うには，森林そのものの情報だけでなくその他の情報も必要となる．また後節で説明するような社会までを範囲としたシミュレーションを行うには社会経済などの情報も必要である．

5.4.4　ケーススタディ

　BGC-ES は，物質循環という視点から広域での森林の生態系サービスの見える化を狙ったモデルである．このモデルにより，森林からの林材生産だけでなく，バイオマスの蓄積や炭素蓄積速度，水や窒素などの流出といった文化サービス以外の主な生態系サービスが計算できることを以下に示す．

A. 矢作川流域

　本モデルの最初の対象地域として，愛知県，岐阜県，長野県に位置する矢作川流域を選択した（Ooba *et al.*, 2010）．

　矢作川流域は約70％が森林に覆われ，中下流部は工業地帯と人口密度の高い市街地，また下流に多くの農地を含む流域である．1960年代の高度経済成長期に，水質問題をきっかけとして比較的早期より流域全体での環境問題が意識化された流域であった（新見，1997）．農業団体，漁業団体，市町村が水質汚濁防止のために連携して1969年に設立した矢作川沿岸水質保全対策協議会がある．その中で森林のもつ機能が人間社会へもたらす恩恵が早くから認められ，水源林・水源地対策や上流と下流の交流を進める基金として1978年に設立された財団法人矢作川水源基金を始めとし，近年は矢作川水系森林ボランティア協議会などボランタリーベースの活動も盛んである．また豊田市は1994年から水道水源保全基金を市内の水道料金から積み立て，2000年より上流域6町村における森林管理に基金を活用している歴史がある（現在は町村合併のため上流町村は豊田市となった）．

　矢作川流域は，収集した森林情報の集計によれば，2007年現在でスギ・ヒノキ林が主である人工林が61％，天然林（広葉樹などの里山林）が36％，その他竹林や荒れ地などが3％であった．前述のように森林の機能・生態系サービスに関して意識の高い流域ではあるが，他流域と同じような人工林の更新が進んでいないという問題がある．ここでは将来にわたる森林施業に関する理想的なシナリオをいくつか設定し，現状のままや，全く施業を行わないシナリオと比較して，その場合の森林生態系サービスの将来的な変化を予測する．本章ではパラメータが極端なシナリオの設定を行うが，これは最大限可能な変化がどのような結果を生じるのかを示すことを目的としている．最大限の可能性を示すことは，実際の計画に役立つはずである．

　生産・保全目的によって施業体系はさまざまであるが，伊勢湾流域圏内の標準的と思われる施業法などを参考にしてパラメータを決めた．初期植栽密度を3000本 ha^{-1}（中部森林管理局「木曾谷森林管理計画書」），間伐搬出率を60％（岐阜県中津川市の事例研究によると約30〜90％であった）（中島ほか，2006）とした．なお，天然林針葉樹林は上流部にわずかに存在するのみなの

第 5 章 物質循環モデルと森林施業影響

表 5.1 森林管理シナリオとパラメータ

パラメータ	(単位)	シナリオ名			
		現状維持	林業振興	長伐期施業	無管理
伐期	年	40		70	—
間伐利用率 (λ_{use})			0.6		—
第一間伐	齢		15		—
第一間伐率 (λ_{thin})		0.15		0.2	—
間伐	齢	20, 25, 30		20, 30, 40, 50	—
間伐率 (λ_{thin})		0.2		0.25	—
間伐面積率	% y^{-1*}	2.2		4.4	0.0
主伐面積率	% y^{-1*}	0.22		0.66	0.0

*森林面積に対する施業面積の割合

で,どのシナリオでも人為的管理がないものとした.

シミュレーションは 2000 年から 2100 年まで行い,結果の集計は気象条件の年変動を除外するため 10 年間平均値とした.施業のシナリオとしては,現状維持シナリオ,無管理シナリオ(間伐・主伐を行わない)に加えて,積極的な施業を行い,人工林(主に針葉林)の主伐面積を現状の 3 倍,間伐面積を 2 倍にする林業振興シナリオ,これに加えて長伐期施業シナリオをシミュレーションした(表 5.1).収集した森林の情報が 2007 年であるので,その情報と一致するように林齢と樹種を更新している.

流域全体における年間の炭素蓄積速度(ha 当たり)は,どのシナリオでも将来減少すると予測され,最も減少するのが無管理シナリオであった(図 5.2).その次が現状維持シナリオで,管理を積極的に行うシナリオが最も減少量が少ない.2000 年代に林業振興,長伐期施業シナリオにおいて炭素蓄積速度が現状維持シナリオより遅いのは,施業に伴う伐採により林地残材が発生し,その分解による炭素放出が大きいためである.将来的に無管理シナリオが最低値となる理由は,森林の成長が制限されないために葉面積(LAI)が増加し,森林下層まで光が届かなくなり,最終的に成長が停止するためである.

木材生産は,施業量(年間主伐面積率,年間間伐面積率)が多くなるに従い生産量が増大した.実際の林班界に合わせているため,シミュレーション上では施業を行う面積が完全に同じにならない.また,初期の林齢構成が 40〜60 齢に偏っているため伐期を迎える森林面積に変動があり,生産量に若干の時間

5.4 森林物質循環モデル BGC-ES

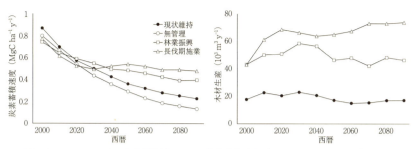

図 5.2 BGC-ES による矢作川流域における炭素蓄積速度（MgC ha^{-1} y^{-1}, 左図），木材生産（10^3 m^3 y^{-1}, 右図）の経年変化（西暦，10 年平均値）

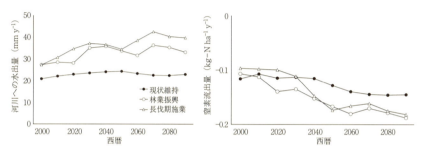

図 5.3 BGC-ES による矢作川流域における河川への水流出量（mm y^{-1}, 左図），窒素流出量（kgN ha^{-1} y^{-1}, 右図）の無管理シナリオとの差分の経年変化（西暦，10 年平均値）

変動があることに留意されたい．

　流域からの水の年流出量は，その年々の気象条件に大きく左右されるが，シナリオ間の差を比較するため，無管理シナリオとの差分で示した（図5.3）．水流出量は，無管理シナリオで最も小さく，次に現状維持・林業振興シナリオ，最も流出量が大きいのは長伐期施業シナリオである．葉面積指数が適切な森林施業により維持されると，これによって蒸散量と遮断蒸発量が抑制された．無管理シナリオと長伐期施業シナリオの差は 40 mm y^{-1} 前後まで増加した．

　森林から流出する無機窒素量は，無管理よりは，管理するシナリオのほうが減少するが，施業を積極的に行う効果は，施業開始してからの年数が増加するにつれ明確になった．しかしその差は絶対量と比較してそれほど大きくなかった．

　矢作川流域の集水域ごとの炭素蓄積速度を図5.4に示した．2000 年代では

第5章　物質循環モデルと森林施業影響

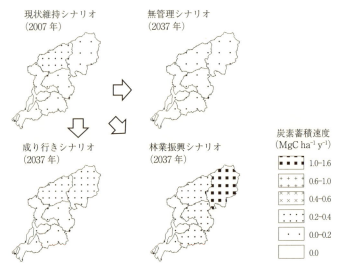

図5.4　集水域ごとシナリオごと炭素蓄積速度（5年平均値）

上流域で強い吸収が見られた．2040年に近づくと無管理シナリオではほとんど蓄積が見られなくなる．量的に2000年代より減少するものの，管理シナリオでは現状維持・無管理シナリオより大きい蓄積があった．上流部で蓄積速度が大きく，人工林が主な蓄積の場所となっていると考えられた．

以上をまとめると，人工林がかかわる炭素循環機能は将来に向かって減少していく．積極的に林業施業を行うことによって木材生産だけでなく，炭素循環もよくなる．また森林更新（伐採し植林）を行うことによっても年間の水流出量が多くなる．森林流域からの窒素の流出量は，伐採直後は伐採強度により一時的に大きくなり，これは先行研究と一致した（福島ほか，2009）．しかし長期的に見ると，施業がある流域のほうが窒素流失が少なく，これは成長などによる吸収が考えられた．しかし絶対値としては，あまり違いは大きくなかった．

B. 伊勢湾流域圏

このモデルは，流域管理として森林施業を行った場合，流域全体での生態系サービスがどのように変化するかを理解するという背景の下に開発された．伊勢湾は富栄養化が原因と思われる赤潮や，底生生物に影響を与える貧酸素水塊の発生が問題となっており，陸域も含めた流域の統合管理が求められている．

2006年に関係省庁および関係地方公共団体が伊勢湾再生推進会議を設立し，伊勢湾のみの対策にとどまらない「伊勢湾再生行動計画」(2007年3月，第二期は2017年6月) が策定された．この中で森林と河川，海域の結びつきが強調されている．

伊勢湾に流下する揖斐・長良・木曾川の上流は古くからの木材生産地でもあり，また江戸時代より森林と下流の関係が意識されてきた．たとえば，岐阜・愛知・三重県と市町，森林組合で構成される木曾三川水源造成公社は1969年に設立され，水源涵養と防災のため水源地域における森林整備を目的としている．造林事業だけでなく間伐材の利用や長伐期・非皆伐施業への転換なども行っている．

このような背景の下で，矢作川流域における評価を伊勢湾流域圏に広げ，シミュレーションを行った (大場ほか, 2011)．

対象地域が広いため，伊勢湾流域圏全体では以下のような簡略化を行った．第2次地域区画 (約10 km メッシュ) を4分割した5 km メッシュごとに計算を行い計算負荷を減少させた．各5 km メッシュ内に含まれる，人工林と天然林それぞれにおける，代表樹種 (最大面積をもつ樹種)，平均齢級，気象データ (最寄りの観測値) を割りつけた．また，地位，土壌，大気窒素沈着量は一定と仮定とした (地位2，土壌・褐色森林土，大気窒素沈着 0.8 mgN L^{-1})．メッシュ内の人工林を無管理 (施業を行わない) と管理 (施業を行う) とに分割して，1960年代は管理分の面積を100%とし，シナリオに従って無管理・管理分の面積比率を変化させシミュレーションを行った．シナリオは人工林で100% 森林管理を行うシナリオ (管理シナリオ) と，1990年まで管理を行いその後何もしない無管理シナリオとを設定した．

対象森林面積は2007年で約92.9万 ha であった．人工林が南伊勢，東三河，飛騨川森林計画区に集積していた．林齢分布は，人工林で40～60年生に約7割が集中しており，40～60年前の拡大造林等によって人工林が増加したことが推測された．

森林材積は，管理・放棄シナリオとも人工林に顕著な増加が見られた．管理シナリオでは，2000年代に人工林の森林更新が行われるので，2040年代までに2000年代と比較しほぼ同程度に回復する (図5.5)．無管理シナリオではさ

第5章 物質循環モデルと森林施業影響

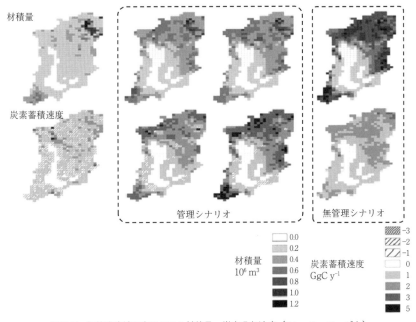

図5.5 伊勢湾流域圏内における材積量，炭素吸収速度（5kmメッシュごと）

らに材積が増加した．

　炭素蓄積速度は2000年代においてほとんどのメッシュが正の値であるが，2040年代において無管理シナリオで人工林の高齢化が進むために成長速度が遅くなり蓄積速度が減少する．

　無管理シナリオではほとんど伐採が行われないので将来にかけて材積量（森林における蓄積）が進行するものの，森林の主な機能の1つである二酸化炭素の吸収が発揮されない状態となる．適切な森林管理が正の生態系サービスを生むことを図5.5は明確に示している．

　木材の生産は管理シナリオにおいて森林が更新を迎える際に伐材が集中するため，時々大きなピークを生じるが，それ以外の期間は間伐などによって安定した供給が可能なことが示された（約 3.1×10^6 m^3 y^{-1}）．木材の生産量は人工林における積算材積と比較して，約1/24であった（木材の回転率に相当する）．この回転率は，スギやヒノキなどの平均的な収穫期が40年であることと比較してやや大きい値であった．しかし蓄積速度は低下していないので，管

理シナリオでは流域で持続可能な生産を行うことが可能であると推測される．

　管理シナリオでは，流域における水流出量は人工林に転換した40〜60年前よりほとんどの地域で増加し，窒素流出量はやや増加した（大場ほか，2011）．

5.4.4　まとめ

　森林物質循環モデルBGC-ESを用いて，森林施業が流域レベルでの物質循環変化に及ぼす影響のシミュレーション結果を示した．

　容易に想像できることであるが，40〜60年前に植林された人工林がこのまま放置された場合，成長速度が低下し炭素の循環に大きな影響をもたらす．しかし，適切な森林管理により適正利用の木材生産を行うことで，炭素循環も健全になることが示された．

　しかし，社会経済的条件を無視した森林施業，木材生産を行うことは実際には不可能であり，加えて需要量も無視できない．また木材利活用促進が低炭素社会構築にどのように役立つかというような社会的課題は，BGC-ESのみのシミュレーションによっては理解できない．次節ではこれらを取り入れた試みを紹介する．

5.5　上流から下流までを空間・定量評価：BaIMモデル

　本章の目的の1つは，森林生態系と人間社会とのかかわり合いを定量的な物質循環モデルを通じ考えることにある．物質循環に大きな影響を与える森林施業は，主に社会経済的理由から行われ，その結果は社会経済へと遡って間接的直接的に影響する．

　本節では物質循環と森林施業について，森林とつながりが深い地球温暖化に関する環境問題を，ミクロ経済的視点から扱った研究について説明する．ここでは炭素の循環のみ扱うが，窒素などの他の元素にも応用可能であると考えられる．

5.5.1　背　景

　地球の気候が温暖化していること（気候変動）は科学的データに裏づけられ

ている．この原因は，主に産業革命以降爆発的に大気に放出された，化石燃料消費由来の二酸化炭素である可能性が極めて高いと指摘されている（IPCC AR5 WG1）．第21回気候変動枠組条約締約国会議（COP21）では，産業革命前からの世界の平均気温上昇を「2℃未満」に抑える，いわゆる「パリ合意」に達した．この目標を達成するには将来にかけて化石燃料の使用削減を計画する必要があり，日本国ではその案（約束草案）として2030年度に2005年度比マイナス25.4％の水準へと削減目標を定めた（地球温暖化対策本部，平成27年7月17日）．

　森林生態系において，植物の成長（光合成）が植物その他の生物の呼吸（従属栄養からも含む）と比較して大きければ，森林全体として二酸化炭素を吸収することになる．したがって，適切な森林管理を行えば森林生態系は炭素貯留機能を発揮することは前節において指摘した．さらに社会において伐採材の利用促進によって森林管理が進めば，森林生態系は木材供給以外の生態系サービスも人間社会へより良くもたらすことになるであろう．

　木材をエネルギーとして利用した場合，化石燃料の代替となり，化石燃料由来の二酸化炭素排出を防ぐ．木材を燃やした場合も二酸化炭素が発生するが，これは再度，植林や自然再生などをすることによって森林が吸収可能であり，炭素の発生量と固定量が相殺されることから「カーボンニュートラル」であると考えられている．

　エネルギー利用促進は温暖化を緩和する観点から注目されているが，さらに東日本大震災以降の再生可能エネルギーへの注目，さらにエネルギー供給の分散化，地域化というシフトを背景に，地元の森林からのエネルギー利用に注目が集まっている．主に木質バイオマスを使う発電所が近年多く建設され稼働を始めた．

　木材を原料とする製品は，社会で使用され，廃棄されて大気中に二酸化炭素として放出されるまで時間的な遅れ（タイムラグ）が存在する．たとえば製材が木造住宅に使用された場合は，廃棄されるまで数十年必要である．これは植林されて伐採されるまでの時間に匹敵する．その場合，木は伐採後も，温暖化効果を引き起こさない炭素として一定期間，人間社会に「貯留」されることになる（大熊，2001）．この効果はCOP13よりカウント可能となり，伐採後木

材製品（harvested wood products：HWPs）として排出インベントリーの中に記載される．日本全体では2014年度において，年間580 Gg-Cとされている（林野庁，2016）．これは同年度に吸収源として認められた13,610 Gg-Cと比較して少なからぬ値であるといえる（吸収源の値へHWPsの効果は織り込み済み）．

これらの原材料を供給するのが林業となるが，伐採し搬出する際のコストは大きな問題となる．エネルギー向け木材の場合，単位重量当たりの価格は低くなければエネルギー生産事業の成立が難しいため，使用する木材は製材向きではない材や間伐材などが望ましい．しかし間伐材であっても搬出，輸送のコストが当然出てくる．製材所での余剰物やあるいは廃材などを用いることも考えられるが，これらも同じ問題を抱える．

加えて森林伐採や流通，製品化の過程で化石燃料が消費され，二酸化炭素が排出される．実際の代替効果がそれら排出と比較して意味があるかどうかを調べる必要もあるだろう．自然界と社会の両方のシステム全体は，二酸化炭素を吸収しているか，あるいは排出しているか，さらに社会経済的に成立するかどうかという問いに答えるために，本節では自然だけでなく人間社会を含めて理解しようとする物質循環モデルを紹介する．

5.5.2 プロセス

A．コストと労働力

「木質バイオマスコスト計算モデル」は林業と輸送・生産時のさまざまなコストを計算する．そこで，Kinoshita et al.（2010）が開発したモデルを，Ooba et al.（2012b）が一部改良し，パラメータを追加した．詳細はOoba et al.（2012b）に詳説されているが，日本語で解説されている公開文献がないためここでは少し詳しく説明する．

木材を原料とした製品 V_p（m³）を生産するための総コスト C_W（円）は

$$C_W = (1+\lambda) \Sigma\ V_{p\,i}(C_{m\,i} + C_{l\,i}) + V_p(C_{st} + C_{road}) \quad (5.22)$$

となる．ここで $C_{m\,i}$ と $C_{l\,i}$ は，i 番目の処理プロセスにおける林業・輸送・生産機械コストと労働コスト（円 m⁻³）であり，材木の処理プロセスは伐倒，玉

切り，林道への搬出，輸送，加工・製品化等である．$V_{p\,i}$ は i 番目の処理プロセスにおいて処理される材料（m³，処理が進むにつれ変化する）である．処理量に応じて固定的な費用が発生し，C_{st} は搬出の距離によって変化するコスト，C_{road} は路網開設のためのコストである．λ は管理費（オーバーヘッド）である（＝0.2）．木材を移動させるコストである C_{st} と C_{road} はそれぞれ林道への搬出，加工等の工場への輸送の距離によって変化する．

i 番目（添え字）の処理プロセスごとに

$$C_{m\,i} = \frac{C_{yd\,i}}{prod_i\,wt_i} \tag{5.23}$$

$$C_{l\,i} = \frac{Wage_i\,Nmp_i}{prod_i\,wt_i} \tag{5.24}$$

と書け，ここで $C_{yd\,i}$ は使用される機械の 1 日当たりの維持・運用コスト（円 day⁻¹），$prod_i$ は機械の生産性（m³ h⁻¹），wt_i は機械の運用時間（＝6 h d⁻¹），$Wage_i$ は労働賃金（円 day⁻¹），Nmp_i は必要な人員数である．これらのパラメータは Ooba *et al.* (2012b) を使った．ただし，$Wage_i$ は福島県における統計資料を使用した（林内外作業・16,300 円 day⁻¹，運搬・17,600 円 day⁻¹，林野庁，2015）．

生産性 $prod_i$ は，機械の生産能力だけではなく，立木 1 本当たりの収穫材積 V_1（m³）や作業場所の傾斜，搬出距離，輸送距離に応じて変化する作業の困難さにも依存している．施業面積を A(ha)，ha 当たりの材積 V(m³) とすると，伐倒（$i=0$）の際の生産材積 $V_{p\,0}$ は，主伐であれば AV，比率 λ_{thin} での間伐であれば $\lambda_{thin}AV$ となる．玉切りの際の材積は

$$V_{p\,1} = \lambda_{use}(1-\lambda_{remain})V_{p\,0} \tag{5.25}$$

となる．ここで λ_{use} は間伐利用率（主伐の際は $\lambda_{use}=1$），λ_{remain} は残材率である．搬出輸送コストは施業を行う森林の位置と関係し，現在では地理情報システムなどによって容易に計算に必要な地理条件が計算できる．

生産された材積当たりの総コストは C_{total}（円 m⁻³）以下のように計算できる．

$$C_{total} = \frac{C_W}{V_p} \tag{5.26}$$

B. 炭素の排出，蓄積

　森林生態系における炭素の吸収速度は，成長時は炭素を吸収するが，森林が成熟するにつれ炭素吸収量は低下し，それ自身の呼吸や他の従属栄養生物の呼吸による放出と同程度になり，平衡状態へ達していく．また伐採による木材の持ち出しは，システム境界を森林生態系のみに限定すれば，系外への炭素の放出となる．また森林施業はリターの大量発生や土壌の撹乱をもたらし，森林生態系からの炭素排出を増大させる．

　しかし前述のように木材製品を適切に扱えば，森林生態系と社会の全体において，樹木の伐採は必ずしも炭素排出とは見なされず，むしろ化石燃料の排出を抑制する．適切な再造林や森林管理の下では，炭素を蓄積する機能が促進されることになる．これを定量的に表現するため，森林生態系と社会における実効炭素蓄積速度（effective carbon sequestration rate：ESR）という概念を定義する（図5.6）．

　まず，製品化や流通・消費における炭素排出・化石燃料由来炭素排出抑制効果について次のような簡略化を行い，森林の炭素吸収と比較可能なモデルを開発した．そして，各種木材処理における炭素排出量は文献調査を行い，代表的と思われる値を採用・再計算した．

　ここでは，木材利用促進による化石燃料由来炭素排出抑制効果は次の4要素を算定した．

① 木材をチップ化するなどして焼却し，エネルギー化することで化石燃料消費時の炭素排出を抑制（化石燃料代替）
② 建築材として利用することで炭素が長期にわたって貯留（HWPsによる貯留）
③ 建築材として利用することでコンクリート利用を代替でき，コンクリート生産時の炭素排出を抑制（コンクリート代替）
④ 建築で利用された木材をそのまま廃棄せず，廃材をエネルギーとして利用することで，化石燃料消費時の炭素排出を抑制

　この算定には，システム境界で吸収された炭素だけでなく（②），木材が代替利用されることで排出が妨げられた炭素が入る（①，③，④）．この算定で

第5章 物質循環モデルと森林施業影響

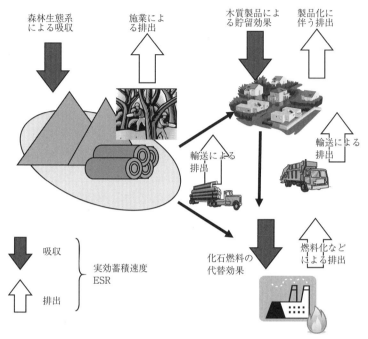

図5.6 生態系と社会双方を考慮した実効炭素蓄積速度（effective carbon sequestration rate, ESR）
炭素の吸収要素としては，森林生態系だけでなく都市建築物などに貯留される木質製品による炭素貯留効果，エネルギー利用による化石燃料代替効果などがある．
→口絵3

は吸収された炭素を蓄積（②）とカウントした上で，さらに代替利用による炭素排出抑制（③）もカウントされる．これはダブルカウントと見なされそうだが，システム境界内の化石燃料の炭素量も計算しなければならなくなるのを避けて，排出が防がれた炭素をシステム境界内に取り込んでいる．取り上げるべき化石燃料の炭素量は，地理的境界が曖昧で，木材の炭素と比べて量的に大きすぎるからである．逆に①〜④の製品化や輸送に必要な化石燃料消費は，システム境界から排出されるものとする．ESRはイメージとしてはシステム境界における森林・木材が関係した炭素の収支を，化石燃料の代替による正の効果と化石燃料消費による負の効果で調整したものとなる．

　類似した概念にライフサイクルアセスメント（life cycle assessment：LCA）

やカーボンフットプリント（carbon footprint；CFP プログラム，https://www.cfp-japan.jp/）があるが，これは製品を製造する際に原料まで遡ったすべての影響評価や排出炭素の算定であり，ESR とは少し異なる．しかし ESR の計算にはライフサイクルアセスメントやカーボンフットプリントの研究データを取り入れている．

現実には，本章では取り上げない製品（紙など）もあるが，廃棄までのライフタイムが短いため省略した．伐採された木材は一部がエネルギー利用され，一部が建築利用されるが，その割合はエネルギー利用される際の価格によって決まるとした．

まずシステム境界を森林生態系のみとすると，炭素の吸収（場合によって放出）は森林の成長，炭素の放出は森林の伐採による．BGC-ES 等で計算される森林生態系の炭素蓄積速度 F_t(kgC y^{-1}) と伐出による炭素放出（持ち出し）速度を Ew_t(kgC y^{-1}) とすると，森林生態系の正味の炭素蓄積速度 $S_{\text{forest }t}$ は

$$S_{\text{forest }t} = F_t - Ew_t \tag{5.27}$$

となる．ここで t は着目している年を示す（この節では以下同じ）．F_t と Ew_t は，BGC-ES であれば設定した施業シナリオに従って毎年出力される．

次にシステム境界を人間社会まで拡大して実効炭素蓄積速度 ESR を定義する（図 5.6）．伐出された一部の材がボイラーや発電所などでエネルギーとして利用されるとする．このシステムにおける炭素蓄積速度 $S_{\text{offset }t}$ は

$$S_{\text{offset }t} = r_e\,(s_e - E_c)\,H_t \tag{5.28}$$

となる．ここで H_t は年間の素材生産量（m^3 y^{-1}，Ew_t と関係）である．化石燃料代替効果は以下のように考える．ある量の木材を燃焼させるとある発熱量が得られるが，その発熱量を得るために必要な化石燃料の燃焼を代替したことになる．つまり，その量の化石燃料を消費した際に放出される炭素を削減したことになる．r_e はエネルギー向けに消費される木材の割合（エネルギー向け振り分け率），s_e は 1 m^3 の木材による代替効果の原単位である（kgC m^{-3}）．ここでは化石燃料として重油を考える．また，木材の体積から重量への換算（比重データが必要）と含水率は正確な評価が難しいが，ここでは木質バイオマス発

電所などで標準的と思われる含水率 0.45 と比重 546.4 kg m^{-3} を想定する．後者はスギとヒノキの中間の乾燥密度 316 kg m^{-3} から推定している．木材の低位発熱量は 9.167 MJ kg^{-1}，重油の二酸化炭素排出量は 0.07168 kgCO$_2$ MJ^{-1} とする．この仮定の下で，s_e は 99.4 kgC m^{-3} となる．この値は，燃焼させた材の炭素含有量ではないことに注意が必要である．燃焼させた材から放出された炭素は，316(kg m^{-3})×0.5(kgC kg^{-1}，標準的炭素含有量)＝158 kgC m^{-3} であるが，これは再度森林によって吸収可能な量であるためカーボンフリーとして，ESR にはカウントしない．また排出源単位が炭素ベースと二酸化炭素ベースの表示と 2 通りがあり注意が必要だが，ここでは炭素ベースで評価するために炭素と二酸化炭素の分子量比 12/44 を用いて換算した．

エネルギーを利用する際にはチップ化と消費地への輸送にかかる化石燃料由来の炭素放出 E_c(16.36 kgC m^{-3}) があり，輸送距離や使用機械などの想定が必要である．文献より，丸太輸送 (15 kgCO$_2$ m^{-3}) とチップ化 (45 kgCO$_2$ m^{-3}) を代表値として仮定した (渕上ほか，2010；森のエネルギー研究所，2012)．

木材が建築利用される場合は，人間社会での建材としての炭素の貯留をシミュレーションする必要がある．実際には製品在庫などの貯留を考えなければならないが，最終的には消費されるはずであるので，在庫と建築で 1 つの炭素貯留プールがあると仮定した．この炭素貯留のプールを $P_{\text{stock } t}$(kgC)，年間の製材生産量 L_t(m^3 y^{-1}) として，

$$L_t = (1 - r_e)\, n\, H_t \tag{5.29}$$

$$I_{\text{stock } t} = c_c\, \rho_{\text{dw}}\, L_t \tag{5.30}$$

$$O_{\text{stock } t} = r_\tau\, P_{\text{stock } (t-1)} \tag{5.31}$$

と表せる．ここで n は収穫材から製材への歩留まり (0.6)，c_c は木材の炭素含有量 (0.5) である．製材時に発生する端材やおがくずなどは，製材所内でエネルギー利用される場合と畜産用の敷き藁などに利用される場合が見られた．ここではエネルギー代替効果や排出として考えずに ESR から除外した．r_τ はプールでの回転率 (0.05)，プールされている炭素が年間どの割合で廃棄されるかを示す．コホート法などを使うと年代ごとに建設された建築物が年ごとに確率的に取り壊されていく（廃棄されていく）ことをシミュレーションできる

が（小見・栗田，2010），ここでは一律の方法を採用した．

このプロセスで化石燃料の割合を E_b とし42.5（kgC m^{-3}），内訳は製材過程152 kgCO$_2$ m^{-3}（川鍋ほか，2010；高村ほか，2014），輸送過程で4.0 kg CO$_2$ m^{-3}（川鍋ほか，2010）とした．製材過程の中には乾燥過程が含まれており，この際の排出が大きいことを指摘する．

また建築材として木造が利用された場合，コンクリートの使用量を減少させることができる．国土交通省の推定で，コンクリート建築（RC）の場合と木造建築のコンクリート投入量とが建設面積当たりの量で示されている（国土交通省，2012）．また木造建築をする際の木材投入量も示されている（88 kg m^{-2}，床面積）．これを体積換算すると，0.278 m^{3}となる（乾重量316 kg m^{-3}）．前述のように製材分はすべて建築材に投入されるとすると，年間の建築面積が計算される．

次に，これがコンクリート建築であれば，使用されたコンクリート量と木造建築の場合のコンクリート量が示され，節約したコンクリートの量が計算される（308 kg m^{-2}，床面積）．排出係数はLCAデータベースを使用し，39.4 gC kg concrete^{-1}（国土交通省国土技術政策総合研究所，社会資本LCA用環境負荷原単位一覧表，http://www.nilim.go.jp/lab/dcg/lca/top.htm）を採用した．すると1 m^{3}の木材を使用することで削減可能な炭素排出量は s_c（43.58 kgC m^{-3}）となる．

プールからの収支と代替効果と製材の排出係数から，前述の建築プールへの変化（kgC）は以下のようになる．

$$P_{\text{stock } t} = P_{\text{stock } t-1} + I_{\text{stock } t} - O_{\text{stock } t} \tag{5.32}$$

自然と社会の全体における炭素の蓄積・放出は，さらに廃棄された建材の放出を考えなければならないので，このシステムにおける炭素蓄積速度 $S_{\text{stock } t}$ は

$$S_{\text{stock } t} = I_{\text{stock } t} - O_{\text{stock } t} + (s_c - E_b)L_t + \frac{s_e\, r_e\, O_{\text{stock } t}}{c_c \rho_{\text{dw}}} \tag{5.33}$$

となる．最後の項は廃材が適正に利用された場合を想定し，これは建築廃材がエネルギー利用されたことによるので，式(5.28)で使用した代替効果の原単位 s_e を使う．r_e は廃棄が適正利用される割合である．建築時にも燃料由来の

炭素が放出されることになるが，建築構造によってかなり変化するため，補修や解体・廃棄時と合わせて ESR から除外した（素材によらずほぼ同じと想定した）．

以上の森林，エネルギー利用，建築利用をまとめ，ある年 t における ESR の数量を以下のように定義する．

$$ESR = F_t + S_{\text{offset } t} + S_{\text{stock } t} \tag{5.34}$$

5.5.3 ケーススタディ

A．対象地域と森林施業

本項の研究対象地として，福島県奥会津地域を選択した（Ooba *et al.*, 2017）．福島県は豊かな森林資源をもつ地域であるが，2011 年の東日本大震災や福島第一原子力発電所事故によって大きな被害を受け，森林再生が課題とされている．会津地域では 2016 年度よりエネルギー利用や集成材用の素材生産の拡大が検討されており（会津方部 13 市町村：森林資源活用地域循環経済検討事業），本項で行うような環境や経済に関する評価が現在求められている．

本項では対象を奥会津地域に含まれる 5 町村（柳津町，三島町，金山町，

表 5.2　設定した森林施業シナリオ

シナリオ		年間伐採面積率 （皆伐） （% y^{-1}）	伐期 (y)	森林管理*
現状維持	BAU	0.36	40	標準
林業振興	PPa**	1.0	40	標準
	PPb	1.5		
	PPc	2.0		
	PPd	2.5		
長伐期施業	PLa***	1.0	80	強間伐
	PLb	1.5		
	PLc	2.0		
	PLd	2.5		

*標準・表と同じ．強間伐・15, 25, 35, 45, 55 齢で 25% の強間伐を行う
** Promoting Production の略
*** Promoting Production with Long-term rotation length の略

5.5 上流から下流までを空間・定量評価

只見町，昭和村）における民有林人工林と設定した．森林資源の分布は，前節と同じように福島県より森林簿と森林計画図の貸与を受け，森林環境を整理した．シミュレーション方法は本章で解説した手法を用い，シミュレーション期間は2070年まで行った．対象地域に50,000 haの森林面積があるが，そのうち針葉林10,500 ha（91％がスギ）をシミュレーション対象としている．

5.4.4項における設定と類似して，森林施業を成り行き，林業振興，長伐期施業を取り入れた3種類用意した．持続可能な生産レベルを調べるため，後者の2シナリオは主伐率を変えていくつか行った（表5.2）．シミュレーションは4回行い，施業の優先順位はランダムに決定して結果を平準化した．

B. 森林資源の推移

蓄積材積は，成り行きシナリオでは，人工林の更新（適当な齢級で伐採され，新しく植林される）が行われず，人工林が老齢化し，年々の成長量が小さくなることによって炭素吸収速度が減少する現象が見られる．前述したが，これは1950～1960年代に植林された人工林が多いため林齢が偏っていることにより生じる．一方，林業を促進するシナリオでは植林が行われ，若齢の人工林が増

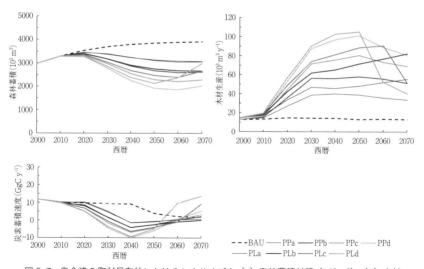

図5.7　奥会津5町村民有林におけるシナリオごと（a）森林蓄積材積（10^3 m^3），（b）木材生産（10^3 m^3 y^{-1}），（c）炭素蓄積速度（GgC y^{-1}）の経年変化（西暦，10年平均値）
　　　　各シナリオの内容は表5.2を参照のこと．→口絵4

えることによって，炭素蓄積速度が2050年以降に0以上へ徐々に回復する．

式(5.28)の年間伐採量 H_t は，林業を促進するシナリオではシミュレーションでの設定通り2015年から2035年にかけて増加する（図5.7）．2050年から2070年までの平均 H_t は PPb と PLb シナリオでそれぞれ $55.5 \times 10^3 \mathrm{m}^3$ と $77.2 \times 10^3 \mathrm{m}^3 \mathrm{y}^{-1}$ であり，これは成り行きシナリオでの値の約4倍と6倍である（成り行きシナリオでは $13.3 \times 10^3 \mathrm{m}^3 \mathrm{y}^{-1}$）．年間施業面積をこれ以上増加させても，前述の齢級構成の制限により，伐採に適した林齢の森林がなく伐採できないため，伐採量は一時的に増加し，その後急減するなどの現象が見られた．今回設定している年間施業面積率が，持続的に一定量の伐材を生産する上限値であると考えられた．この後の議論は持続的生産が可能である，PPb と PLbs シナリオを取り上げる．

C．経済コスト

バイオマスエネルギー向けのチップとして伐出し製品化する際に必要なコストを計算した（図5.8）．図は横軸が $1 \mathrm{m}^3$ の材をチップ化するのに必要な合計コストであり，縦軸はその単位生産コストの価格以下での生産可能量を示している．低いコストで製品化できる材は少ないが，コストを度外視すれば伐出した材すべてが利用可能となる．実際には直径や品質などによってエネルギー向けか建材向けかが決まるが，ここでは価格によって用途が変わるとした．

木質バイオマスボイラーを導入・運営する場合の理論・技術を体系的に整理

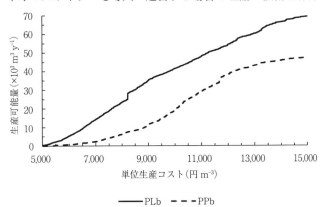

図5.8 生産可能量（縦軸，$\times 10^3 \mathrm{m}^3 \mathrm{y}^{-1}$）と単位生産コスト（横軸，円 m^{-3}）の関係
シナリオ記号の説明は表5.2を参照のこと．

した「木質バイオマスボイラー導入・運用にかかわる実務テキスト」(林野庁，http://www.rinya.maff.go.jp/j/riyou/biomass/con_4.html) によれば，チップの価格は概ね 8,000〜15,000 円 t^{-1} と示されており（チップ化のコストまで込み），代表的な値として 12,000 円 t^{-1} を用い，原料の密度を式(5.28)で使われた 546.4 kg m^{-3} と同じと仮定すると，チップ価格は，6,600 円 m^{-3} となる．式(5.28)，式(5.29) の r_e を，この価格で決めた値とした．

2020 年代（2020〜2029 年とした）では，それ以前までと同じシナリオ（BAU）で森林管理がされているため，シナリオ間での差はほとんどない．ほぼすべての材が，エネルギー向けとして利用可能な価格の上限を上回っている．この設定条件では，地域の木材をエネルギー利用することが難しいことがわかる．2060 年代では，この上限を超えない生産量は PPb（林業振興）シナリオでは 1.6×10^3 m^3 y^{-1} でしかない．BAU シナリオでも同量程度である．一方，長期施業シナリオでは生産コストは 2020 年から低下するため，PLb（長伐期施業）シナリオではエネルギー向けの材は 10.4×10^3 m^3 y^{-1}（約 6,000 t y^{-1}）程度生産が可能であり，これは超小型の発電設備であれば採算がとれることを示している（超小型施設は，たとえば電力 40 kW 出力程度の熱電併給システムを想定している．詳しくは，戸川ほか，2017）．なお，ここでは式(5.28)，式(5.29) におけるエネルギー向け仕分け率 r_e は PPb シナリオで 0.0016，PLb シナリオで 0.010 とした．

経済コスト分析では，伐採とそれに続く工程のみの費用を考慮している．林業機械のコストには一部補助金の利用を想定しているが，より詳細な政府や自治体からの補助などは検討していない．当然ながらエネルギー向けへの補助金が増えれば，エネルギー向けチップ生産量は多くなることになる．

なお本計算ではエネルギー向けの木材としては未利用材（搬出しない間伐材）に限らず，主伐材でも価格的に安い場合はエネルギー向けとしている．

D. 実効炭素蓄積速度

次のステップとして，人間社会での木質製品の消費（エネルギー利用，建築利用）による炭素排出や排出削減効果を評価する（Ooba *et al.*, 2017）．システム境界を人間社会まで拡張した際のシステム全体の実効炭素蓄積速度 *ESR*（GgC y^{-1}）を計算した（図 5.9）．その結果，基準である森林生態系のみの炭

第 5 章　物質循環モデルと森林施業影響

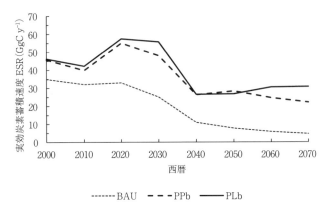

図 5.9　自然社会をシステム境界とした実効炭素蓄積速度（ESR, GgC y^{-1}）

素蓄積速度と比較して高い ESR であることが示された．特にエネルギー利用は ESR を高める（Ooba *et al.*, 2016ab）．これは，重油を代替して炭素排出を削減する効果と，消費されるまでの工程での炭素排出が小さいことによる．一方，建材として利用することによる炭素ストックの効果は，エネルギー利用による効果と比較してそれほど高い効果を示さなかった．これは建築材を生産する際のプロセス（特に乾燥工程と輸送）による炭素排出がストックの効果と比較して大きいためである．また廃材をエネルギー利用した際も，歩留まりが悪いため十分な代替効果を見せていない．これはエネルギー利用のみ，建築利用のみで ESR を推定した研究でも確かめられている（Ooba *et al.*, 2016a）．

さまざまな森林管理シナリオと比較すると，成り行きシナリオにて ESR は最低となり，将来的に低い値で平衡状態となる．林業振興シナリオ（PPb）における ESR は，成り行きシナリオより高い値を示した．ESR は長伐期施業シナリオ（PLb）にて最大であった．これはコスト分析で示したように経済的に利用可能な木材は全産出量の 10〜20% 程度であるが，エネルギー向けでの代替効果が ESR の増加に寄与している．

長伐期施業シナリオ（PLb）における ESR は，持続可能な生産でかつ経済的に利用可能なバイオマスをエネルギーに仕分けた場合の低炭素効果（排出削減量）と理解できる．この値は 2030 年代以降 30 GgC y^{-1} 程度で推移した．この値は福島県全体で排出される温室効果ガス（2014 年，CO_2 換算，18,100

Gg CO$_2$＝4,940 Gg-C) の約 0.6% の削減効果を示している．林野庁が算定した福島県全体の森林吸収による削減量 1,720 Gg CO$_2$（＝469 GgC y^{-1}）と比較しても，県内の限られた地区の森林活用による低炭素効果の値として無視できない．

一方エネルギー利用可能量から想定可能な発電規模は 2MW 程度であり（現行のバイオマス発電所でのヒアリングによる），福島県全体の消費電力（17,207×10^6 kWh，2010 年）とは比較にならないほど小さい値といえる．したがって，このエネルギー量を福島県内の森林資源から維持することは不可能である．

高度林業機械や施業，また生産・流通の見直しによる木質チップの低価格化により，エネルギー向け利用可能量が増加できる．これは前述したように ESR を増加させるので，低炭素効果をより高めることができる．しかし概して現在の社会が必要としているエネルギーは，森林資源と比較して莫大である（Ericsson & Nilsson, 2006）．需要を満たすために，森林資源をすべてエネルギー生産に利用したとしても全く足りない．過去には，薪炭需要を満たすために森林が過剰に伐採された結果として多くのはげ山が生じているが，ここで推定した木質バイオマスエネルギーの需要量は過去のそれと比較できないぐらい大きい．

木質バイオマスのエネルギー利用は，他の再生可能エネルギーとの組み合わせが現実的である．また，エネルギー利用と建築利用の仕分けのベストミックスが必要だろう．これは地域の産業のリノベーションと集積，また地域における経済循環という，より広いスコープの問題となる（樋口・白井，2015）．本章で述べた森林・林業の専門的な知見を地域社会に接続させることが，地域の持続性を生み出すと考えられ，他分野研究者との学際・統合研究が今後求められている．

おわりに

本章では森林生態系における物質やエネルギーの循環をシミュレーションする BGC-ES を解説し，このモデルを矢作川流域，伊勢湾流域圏，奥会津の森

第 5 章　物質循環モデルと森林施業影響

林を対象として，その森林管理・施業影響評価への適用研究について解説した．また自然と社会の両方を含めたシステムにおける炭素排出・吸収を示す実効炭素蓄積速度（ESR）を導入し，BGC-ES を含めた統合モデル BaIM によって推定した．

　リモートセンシング，特にドローンと関連した情報処理技術がめざましく発達している．計算機の処理能力と記憶容量の変化は，ディープラーニングに代表されるように機械学習による判別精度の向上ももたらした．植生の種類だけでなく，樹高やバイオマス量，近い将来には一本一本の樹木の詳細データがリモートで入手できる可能性がある．その時代には，オンサイトのデータのみを利用した広域（流域）物質循環モデルの研究が登場すると予測される．本章で示した BGC-ES 等による研究は現在のところ検証が困難であるが，精密データによる積み上げ精度が向上すれば，結果の信頼性向上ももたらすはずである．

　人間社会も含んだ物質循環モデル化は，自然界のみを対象とした場合と比較して一層の困難がある．そのようなモデルを実際の現場でのケースに当てはめるには，森林施業などの実施事業者に対する調査を事前に行った上で，適切なモデルパラメータを決定する必要があるだろう．本節で紹介したパラメータ値はあくまでも例であり，出力結果も事例研究であることに留意されたい．

　本章で紹介した研究は，ライフサイクルアセスメントやカーボンフットプリントと類似した手法を使用しているが，これらは木材製品のみにフォーカスしている．ここでは生態系−社会システム全体の炭素排出量を示しており，森林計画だけでなく，環境や地域の計画などへも貢献可能である．また，この考え方は，本章での BaIM モデルでは評価が難しいその他の森林生態系サービスなどを統合的に評価する方法への端緒を示している．それに向けて筆者は再生可能エネルギーと生態系サービスの競合という観点で試行的な研究を行っている（Ooba *et al.*, 2016b）．

　5.4 節は，社会科学研究者との共同研究の成果を含んでいる．現在，筆者を含むグループでは森林資源を活かしたエネルギー事業などを具体的に地域に導入した場合，物質循環だけでなく，生態的に，社会経済的にどのようなメリット・デメリットがあるのかを研究している．これらは単にモデリングや，通り一遍のヒアリングなどによるデータ・パラメータ収集では終わらず，研究対象

地域における関係者との密接な協調がなくては進行しない．本章で述べた研究成果をより社会へ還元してゆくには，モデリング技術向上だけでなく，地域と密接した研究活動が必要である．

引用文献

Aber, J. D., Ollinger, S. V. *et al.* (1997) Modeling nitrogen saturation in forest ecosystems in response ot land use and atmospheric deposition. *Ecol Model*, **101**, 61–78.

天野正博（2007）京都議定書吸収源としての森林機能評価に関する研究．環境省地球環境研究総合推進費，研究概要および報告書．

Coleman, K., Jenkinson, D. S. *et al.* (1997) Simulating trends in soil organic carbon in long-term experiments using RothC-26.3. *Geoderma*, **81**, 29–44.

Dile, Y. T., Daggupati, P. *et al.* (2016) Introducing a new open source GIS user interface for the SWAT model. *Environ Model Softw*, **85**, 129–138.

Ericsson, K., Nilsson, L. (2006) Assessment of the potential biomass supply in Europe using a resource-focused approach. *Biomass Bioenergy*, **30**, 1–15.

渕上佑樹・神代圭輔 他（2010）木材製品の製造プロセスにおける CO_2 排出量の評価：京都府産スギ合板の地産地消による CO_2 削減効果の検証．日本建築学会環境系論文集，75，861–867．

福島慶太郎・福澤加里部 他（2009）森林施業に伴う撹乱の強度と空間配置が渓流水質に与える影響：PnET モデルを用いた検討．日本陸水学会第 74 回大会，http://doi.org/10.14903/js-lim.74.0.37.0

Han, Q., Chiba, Y. (2009) Leaf photosynthetic responses and related nitrogen changes associated with crown reclosure after thinning in a young *Chamaecyparis obtusa* stand. *J For Res*, **14**, 349–357.

樋口一清・白井信雄 他（2015）サステイナブル地域論：地域産業・社会のイノベーションをめざして．pp. 284，中央経済社．

Hiroshima, T., Nakajima, T. (2006) Estimation of sequestered carbon in Article-3.4 private planted forests in the first commitment period in Japan. *J For Res*, **11**, 427–437.

諫本信義（2002）土壌孔隙組成を用いた森林の保水容量の推定とその要因解析．森林立地，44，31–36．

Ito, A., Inatomi, M. (2012) Use of a process-based model for assessing the methane budgets of global terrestrial ecosystems and evaluation of uncertainty. *Biogeosci*, **9**, 759–773.

Jones, H. G. (1992) *Plants and Microclimate: A Quantitative Approach to Environmental Plant Physiology, 2nd edition*. pp. 428, Cambridge University Press.

環境省生物多様性及び生態系サービスの総合評価に関する検討会（2016）生物多様性及び生態系サービスの総合評価報告書．

加藤正樹・堀田 庸（1995）流出解析による流域保水容量の推定．森林立地，37，77–88．

加藤衛拡（2003）大正時代までの林業・林政．森林の百科（井上 真 他編）．pp. 525–528，朝倉書店．

川鍋亜衣子・飯島泰男 他（2010）木造住宅の国産・輸入製材の生産から施工地輸送までの二酸化炭素排出量と算定上の問題整理．日本建築学会技術報告集，16，37–42．

第 5 章　物質循環モデルと森林施業影響

Kinoshita, T., Ohki, T. *et al.*（2010）Woody biomass supply potential for thermal power plants in Japan. *Appl Energy*, 87, 2923-2927.

国土交通省（2012）建設資材・労働力需要実態調査【土木その他部門】（平成 22 年度原単位）.

Kondo, J., Matsushima, D.（1993）A simple parameterization of longwave radiative cooling with application to the atmospheric boundary layer for clear sky conditions. *Bound.-layer Meteorol.*, 64, 209-229.

Kosugi, K.（1997）A new model to analyze water retention characteristics of forest soils based on soil pore radius distribution. *J For Res*, 2, 1-8.

Larcher, W.（2003）*Physiological Plant Ecology: Ecophysiology and Stress Physiology of Functional Groups, 4th edition.* pp. 513, Springer.

Lawrence, D. M., Oleson, K. W. *et al.*（2011）Parameterization improvements and functional and structural advances in version 4 of the Community Land Model. *J Adv Model Earth Sys*, 3, doi: 10.1029/2011MS000045

Mather, A. S.（1990）*Global Forest Resources.* pp. 341, Timber Press, Incorporated.（熊崎　実　訳（1992）世界の森林資源，築地書館）

Millennium Ecosystem Assessment（2005）*Ecosystems and Human Well-being: Synthesis. a Report of the Millennium Ecosystem Assessment.* pp. 137, Island Press.

Miyata, S., Kosugi, K. *et al.*（2009）Effects of forest floor coverage on overland flow and soil erosion on hillslopes in Japanese cypress plantation forests. *Water Resour Res*, 45, W06402.

Moilanen, A., Anderson, B. J. *et al.*（2011）Balancing alternative land uses in conservation prioritization. *Ecol Appl*, 21, 1419-1426.

Monteith, J. L., Unsworth, M. H.（1990）*Principles of Environmental Physics. 2nd edition.* pp. 291, Edward Arnold.

森のエネルギー研究所（2012）木質バイオマス LCA 評価事業報告書.

中島　徹・広嶋卓也 他（2006）搬出間伐の実施面積に影響を与える地理的・社会的因子の分析. 九州森林研究, 59, 33-35.

中村隼雄・中根英昭 他（2017）鏡川上流域圏土佐山地区のスギの森林管理に関するシミュレーション：主伐期の効果. 日本環境共生学会学術大会発表論文集, 20, 188-195.

日本木質バイオマスエネルギー協会（2017）木質バイオマス熱電併給事業の推進のための調査 成果報告書.

新見幾男（1997）良く利用されなお美しい矢作川の創造をめざして：矢作川の現況・課題・豊田市矢作川研究所の設立. 矢作川研究, 1, 1-6.

National Institute for Environmental Studies（2007）National Institute for Environmental Studies, 2007. National greenhouse gas inventory report of Japan: May 2007. CGER-Report（ISSN 1341-4356）, I075-2007.

Noguchi, K., Konopka, B. *et al.*（2007）Biomass and production of fine roots in Japanese forests. *J For Res*, 12, 83-95.

小見康夫・栗田紀之（2010）長寿命化トレンドを考慮した建物残存率のシミュレーション：建物の長寿命化トレンドにおける建材のストック／排出量の算出手法に関する研究その 1．日本建築学

会計画系論文集, **75**, 2459–2465.

Ooba, M., Wang, Q. *et al.* (2010) Biogeochemical model (BGC-ES) and its basin-level application for evaluating ecosystem services under forest management practices. *Ecol Model*, **221**, 1979–1994.

Ooba, M., Fujita, T. *et al.* (2012a) Biogeochemical forest model for evaluation of ecosystem services (BGC-ES) and its application in the Ise Bay basin. *Procedia Environ Sci*, **13**, 274–287.

Ooba, M., Fujita, T. *et al.* (2012b) Sustainable use of regional wood biomass in Kushida River Basin. *Waste Biomass Valorization*, **3**, 425–433.

Ooba, M., Fujii, M. *et al.* (2016a) Regional-scale assessment about reduction of carbon emission considering harvested wood products. Proceedings of The 11th Conference on Sustainable Development of Energy, Water and Environment Systems, SDEWES2016.0241.

Ooba, M., Hayashi, K. *et al.* (2016b) Geospatial distribution of ecosystem services and biomass energy potential in eastern Japan, *J Clean Prod*, **130**: 35–44.

Ooba, M., Togawa, T. *et al.* (2017) Spatial analysis about promoting usage of woody considering regional socioeconomic and ecosystem. Proceedings of The 12th Conference on Sustainable Development of Energy, Water and Environment Systems, SDEWES2017.0415.

大場 真・藤田 壮 他（2011）森林物質循環モデル（BGC-ES）による森林生態系・炭素循環サービスの定量評価．環境情報科学論文集，**25**，257–262．

大熊幹章（2001）環境保全と木材による暮らし．森林科学，**33**，63–66．

Parton, W. J., Schimel, D. S. (1987) Analysis of factors controlling soil organic matter levels in Great Plains grasslands. *Soil Sci Soc Am J*, **51**, 1173–1179.

Phillips, S. J., Anderson, R. P. *et al.* (2006) Maximum entropy modeling of species geographic distributions. *Ecol Model*, **190**, 231–259.

林野庁 監修（1999）人工林林分密度管理図．pp. 15，22 図，日本林業技術協会．

林野庁（2015）森林・林業統計要覧 2015．70 公共工事設計労務単価（基準額）．

林野庁（2016）平成 27 年度 森林・林業白書．

Sato, H., Itoh, A. *et al.* (2007) SEIB-DGVM: A new Dynamic Global Vegetation Model using a spatially explicit individual-based approach. *Ecol Model*, **200**, 279–307.

Scheller, R. M., Domingo, J. B. *et al.* (2007) Design, development, and application of LANDIS-II, a spatial landscape simulation model with flexible spatial and temporal resolution. *Ecol Model*, **201**, 409–419.

柴田英昭・戸田浩人 他（2009）日本における森林生態系の物質循環と森林施業の関わり．日林誌，**91**，408．

Sitch, S., Smith, B. *et al.* (2003) Evaluation of ecosystem dynamics, plant geography and terrestrial carbon cycling in the LPJ dynamic global vegetation model. *Glob Chang Biol*, **9**, 161–185.

菅原正巳（1972）水文学講座 7 流出解析法．pp. 257，共立出版．

只木良也（1996）森林を護る．森林の百科事典（太田猛彦 他編），pp. 132–135，丸善．

高村秀紀・浅野良晴 他（2014）木造住宅に使用される新潟県産スギのライフサイクルアセスメント調査．日本建築学会技術報告集，**20**，423–428．

舘林香菜・松井孝典 他（2015）低炭素化のための木材生産・利用システムの最適化モデルの開発．

第5章 物質循環モデルと森林施業影響

土木学会論文集 G（環境），**701**，II_297–II_308．

田内裕之・宇都木玄（2004）生育環境特性を考慮した林地生産力の全国評価．森林，海洋等における CO_2 収支の評価の高度化，pp. 24-28．森林総合研究所交付金プロジェクト研究成果集3（ISSN 1349-0605）．

徳地直子・舘野隆之輔 他（2008）森林生態系の攪乱影響とその長期影響評価に向けた PnET-CN モデルの適用の検討．陸水学雑誌，**67**，245-257．

Thornton, P. E., Law, B. E. *et al.* (2002) Modeling and measuring the effects of disturbance history and climate on carbon and water budgets in evergreen needleleaf forests. *Agric For Meteorol*, **113**, 185–222.

Totman, C. (1989) *The Green Archipelago: Forestry in Preindustrial Japan.* pp. 316, Ohio University Press. (熊崎 実 訳（1998）日本人はどのように森をつくってきたのか，築地書館)

Weinberg, G. M (1975) *An Introduction to General Systems Thinking. Silver Anniversary Edition*, pp. 279, Dorset House Publishing Co Inc. (松田武彦・増田伸爾 訳（1979）一般システム思考入門，紀伊國屋書店)

Yoda, K., Kira, T. *et al.* (1963) Self-thinning in overcrowded pure stands under cultivated and natural conditions (Intraspecific competition among higher plants XI). *J Biol Osaka City Univ*, **14**, 107–129.

索　引

【数字】

^{15}N ··18
^{15}N isotope dilution method ·············121
^{15}N 自然存在比 ·································25
^{15}N 自然存在比法 ·······························19
^{15}N 同位体希釈法 ····························121
^{15}N トレーサー ···································18
^{15}N トレーサー法 ································19
$^{15}\varepsilon$ ···25
$^{18}\varepsilon$ ···41

【欧文】

A_0 層 ···105
ammonification ·································108
archaea ··111
atmospheric deposition ·························3
autotrophic microbes ·························104
bacteria ··111
BGC-ES ···156
buried-bag method ····························119
C/N 比 ···109
closed-top column method ··················120
concentration test ································21
core-bag method ······························120
DON（dissolved organic nitrogen）·······106
dry deposition ······································3
EA-IRMS ····································19, 25
EPC_0 ···93
ESR ···179
gross nitrogen mineralization ··············110
heterotrophic microbes ······················104
HWPs ···177
HWPs による貯留 ······························179
hydroxylamine ··································110
incubation ··112
incubator ···113
inorganic nitrogen ·····························104
ion exchange resin ····························120
isoflux ···44
LCA ··180

litterfall ···105
mineral soil layer ······························105
N ···103
N_2（dinitrogen）·································103
N_2O（nitrous oxide）··························103
net nitrogen mineralization ················110
NH_3（ammonia）·······························103
NH_4^+-N（ammonium nitrogen）·········103
NITREX ··18
nitrification ································104, 108
nitrifier ···111
nitrogen fixation ································104
nitrogen immobilization ······················110
nitrogen mineralization ·······················104
nitrogen saturation ····························107
nitrogen transformations ····················103
NO（nitric oxide）······························103
NO_2（nitrogen dioxide）·····················103
NO_2^--N（nitrate nitrogen）···············103
NO_3^--N（nitrate nitrogen）···············103
organic nitrogen ································103
O 層 ··105
parameter ··116
pH（H_2O）······································134
potential ··26
priming effect ·····································21
Q_{10} ··116
resin core method ·····························120
SMOW ··32
substrate ···109
temperature dependency ···················116
validation ···117
wet deposition ·····································3
WSOC（water soluble organic carbon）······134
δ^{15}N ···25
δ^{15}N 収支 ··49
Δ^{17}O ···37
δ^{18}O ···32

195

索　引

【あ行】

アーキア ……………………………… 111
亜酸化窒素 …………………………… 103
アジアモンスーン ……………………… 7
亜硝酸 ………………………………… 110
亜硝酸イオン …………………………… 28
亜硝酸態窒素 ………………………… 103
安定同位体 ……………………………… 18
安定同位体自然存在比 ………………… 24
安定同位体定常状態モデル …………… 44
アンモニア …………………………… 103
アンモニア化成 ……………………… 108
アンモニア揮散 ………………………… 28
アンモニア酸化 ………………………… 28
アンモニウムイオン …………………… 28
アンモニウム態窒素 ………………… 103
イオン交換樹脂 ……………………… 120
一酸化窒素 …………………………… 103
インキュベーター …………………… 113
インフラックス ………………………… 31
栄養塩螺旋 ……………………………… 94
越境長距離汚染 ………………………… 7
エフラックス …………………………… 31
エンドメンバー ………………………… 42
温度依存性 …………………………… 116

【か行】

カーボンニュートラル ……………… 176
カーボンフットプリント …………… 181
化学的風化 ……………………………… 4
化学的風化作用 ………………………… 76
化石燃料代替 ………………………… 179
河川水リン濃度 ………………………… 75
河川堆積物 ……………………………… 92
河畔域 …………………………………… 90
環境要因 ……………………………… 129
乾性沈着 ………………………………… 3
岩石，河川堆積物 ……………………… 67
間接要因 ……………………………… 131
間伐 …………………………………… 164
気候変動 ……………………………… 175
基質 …………………………………… 109
菌根共生 ………………………………… 30
菌根菌 …………………………………… 83
空間スケール ………………………… 129
空間的異質性 …………………………… 46
クローズドトップカラム法 ………… 120
クロノシーケンス ……………………… 79
傾斜地 …………………………………… 88
検証 …………………………………… 149
コアバッグ法 ………………………… 120
恒温培養器 …………………………… 113
鉱質土層 ……………………………… 105
古細菌 ………………………………… 111
コンパートメントモデル ……………… 1
根粒菌 ………………………………… 104

【さ行】

細菌 …………………………………… 111
酸性化 …………………………………… 6
酸素同位体分別係数 …………………… 41
自然存在比 ……………………………… 19
実効炭素蓄積速度 ……………… 179, 187
湿性沈着 ………………………………… 3
室内培養法 …………………………… 112
質量依存同位体分別 …………………… 37
重酸素（^{18}O）自然存在比 ………… 31
集水域総硝化速度 ……………………… 38
集水域総硝酸イオン消費速度 ………… 39
集水域脱窒速度 ………………………… 43
従属栄養微生物 ……………………… 104
出水 ……………………………………… 89
主伐 …………………………………… 164
純速度 …………………………………… 18
純窒素無機化 ………………………… 110
硝化 …………………………………… 108
硝化過程 ……………………………… 104
硝化菌 ………………………………… 111
硝化反応 ………………………………… 28
硝酸イオン ……………………………… 28
硝酸化成 ……………………………… 108
硝酸態窒素 ………………………… 7, 103
上流と下流の交流 …………………… 169
侵食 ……………………………………… 89
森林簿 ………………………………… 167
水文プロセス …………………………… 5
生態系サービス ……………………… 152
生態系−社会システム ……………… 155
セシウム ………………………………… 8

潜在能力 …………………………………26
選択流 ……………………………………87
総窒素無機化 …………………………110
総無機化速度測定 ……………………20

【た行】

大気汚染 …………………………………6
大気沈着 ………………………………3, 73
脱窒 ………………………………28, 104
脱窒菌 …………………………………104
脱窒菌法 ………………………………34
炭素蓄積速度 …………………………165
地球温暖化 ………………………………7
地形 ……………………………………89
窒素 ……………………………………103
窒素安定同位体 ………………………18
窒素固定 ………………………………104
窒素沈着 …………………………………7
窒素同位体分別係数 …………………25
窒素の可給性 …………………………29
窒素の形態変化 ………………………103
窒素不動化 ……………………………110
窒素飽和 ………………………………14
窒素飽和現象 …………………………107
窒素無機化過程 ………………………104
窒素有機化 ……………………………110
直接要因 ………………………………131
ディスサービス ………………………154
データベース …………………………11
同位体異常 ……………………………37
同位体希釈法 …………………………20
同位体フラックス ……………………44
同位体分別 ……………………………25
同位体分別係数 ………………………25
独立栄養微生物 ………………………104
土壌塩分 ………………………………135
土壌型 …………………………………137
土壌抽出 ………………………………22
土壌溶液 ………………………………85

【な行】

内部循環 ………………………………73
二酸化窒素 ……………………………103

【は行】

配位子交換反応 …………………………78
バイオマス ……………………………154
培養 ……………………………………112
バクテリア ……………………………111
パラメータ ……………………………116
バリードバッグ法 ……………………119
バリデーション ………………………117
非攪乱 …………………………………25
非質量同位体分別 ……………………37
非侵襲 …………………………………25
ヒドロキシルアミン …………………110
標準物質 ………………………………25
表層地質 ………………………………81
表面流去水 ……………………………89
物質収支法 ……………………………71
フラックス ………………………………2
ブラックボックスモデル ……………147
放射性物質 ………………………………8
ポテンシャル …………………………113

【ま行】

ミレニアムエコシステムアセスメント ……152
無機態窒素 ………………………17, 104
無機態リン ……………………………68
モデル …………………………………147

【や行】

野外培養法 ……………………………112
有機酸 …………………………………83
有機態窒素 ……………………………103
有機態リン ……………………………68
溶存無機態リン ………………………70
溶存有機態炭素 ………………………134
溶存有機態窒素 ………………………106
溶存有機態リン ………………………70
溶脱 ……………………………………86

【ら行】

落葉・落枝 ………………………………3
落葉層 …………………………………105
リターフォール …………………………3
リター分解 ………………………………5
流域 ……………………………………64

索　引

粒子状無機態リン ……………………70
粒子状有機態リン ……………………70
リン獲得戦略 …………………………83
リン酸塩鉱物 …………………………67

リン保持メカニズム …………………78
リン流出量 ……………………………74
レジンコア法 ………………………120

Memorandum

Memorandum

Memorandum

Memorandum

Memorandum

Memorandum

【編者】

柴田英昭（しばた　ひであき）

1996年　北海道大学大学院農学研究科農芸化学専攻博士課程修了
現　在　北海道大学北方生物圏フィールド科学センター 教授, 博士（農学）
専　門　生物地球化学, 土壌学, 生態系生態学
主　著　『森林集水域の物質循環調査法（生態学フィールド調査法シリーズ1）』
　　　　（共立出版, 2015）,『北海道の森林』（分担執筆, 北海道新聞社, 2011）

森林科学シリーズ 8 Series in Forest Science 8 森林と物質循環 *Forest and Material Cycling* 2018年3月25日　初版1刷発行	編　者　柴田英昭　©2018 発行者　南條光章 発行所　**共立出版株式会社** 〒112-0006 東京都文京区小日向 4-6-19 電話　（03）3947-2511（代表） 振替口座　00110-2-57065 URL　http://www.kyoritsu-pub.co.jp/ 印　刷　精興社 製　本　加藤製本
検印廃止 NDC 653.17, 468 ISBN 978-4-320-05824-8	一般社団法人 　　　　　自然科学書協会 　　　　　会員 Printed in Japan

JCOPY ＜出版者著作権管理機構委託出版物＞
本書の無断複製は著作権法上での例外を除き禁じられています. 複製される場合は, そのつど事前に, 出版者著作権管理機構（TEL：03-3513-6969, FAX：03-3513-6979, e-mail：info@jcopy.or.jp）の許諾を得てください.

Encyclopedia of Ecology
生態学事典

編集：巌佐 庸・松本忠夫・菊沢喜八郎・日本生態学会

「生態学」は、多様な生物の生き方、関係のネットワークを理解するマクロ生命科学です。特に近年、関連分野を取り込んで大きく変ぼうを遂げました。またその一方で、地球環境の変化や生物多様性の消失によって人類の生存基盤が危ぶまれるなか、「生態学」の重要性は急速に増してきています。
そのような中、本書は日本生態学会が総力を挙げて編纂したものです。生態学会の内外に、命ある自然界のダイナミックな姿をご覧いただきたいと考えています。

『生態学事典』編者一同

7つの大課題

- Ⅰ. 基礎生態学
- Ⅱ. バイオーム・生態系・植生
- Ⅲ. 分類群・生活型
- Ⅳ. 応用生態学
- Ⅴ. 研究手法
- Ⅵ. 関連他分野
- Ⅶ. 人名・教育・国際プロジェクト

のもと、298名の執筆者による678項目の詳細な解説を五十音順に掲載。生態科学・環境科学・生命科学・生物学教育・保全や修復・生物資源管理をはじめ、生物や環境に関わる広い分野の方々にとって必読必携の事典。

A5判・上製本・708頁
定価（**本体13,500円＋税**）

※価格は変更される場合がございます※

共立出版

http://www.kyoritsu-pub.co.jp/